清华大学风景园林设计研究理论丛书

Site Catalysis:

Design Methodolgy Based on the Process in Landscape

场地催化术：

一种基于风景园林过程性的设计方法

曹凯中 著

中国建筑工业出版社

序

　　《场地催化术：一种基于风景园林过程性的设计方法》一书是曹凯中老师在清华大学就读时期2013年的研究成果——博士论文《景观触媒与弹性建造：基于风景园林过程的设计方法研究》的基础之上，历经7年之后终得整理付梓，值得庆贺。

　　基于风景园林学科内容构成中的生物学（主体是植物）基础，以时间维度为标志的过程属性貌似理应成为学科的内在属性，以年为单元的物候周期实质上是以缩短的方式将过程性显现出来，但在那个时期系统全面探究风景园林学科的过程属性的学术研究是缺失的，曹凯中老师的研究填补了这个学术领域的空白。

　　研究构架分为认识论、方法论和实践论3个研究部分。其中认识论的研究最为基础，也最为扎实出色，作者针对"风景园林过程"的定义推演、哲学基础、科学基础和美学基础的论证和梳理是全面性和系统性的，为后续研究建立了坚固的基础。而方法论的建构则是回归风景园林学科应用型理论的核心关节。论文提出风景园林过程存在自然主动演变的生成过程和被动改变的建构过程，但并没有对立二者的关系。作为有效设计途径的提出成为整篇论文具有学科创新意义的具体体现，而实践论的3个案例则循证了理论建构的意义。

　　该研究探索了风景园林过程观影响下的风景园林设计的多种可能性，需要研究者对风景园林学及其相关学科理论知识均有深入的理解和融通能力，能够将其综合归释于风景园林学中的一系列问题，将其应用到具体的风景园林设计中去循证，并最终形成特有的设计方法，这个研究体现出曹凯中老师所具备的知识储备深度和广度以及严密的逻辑闭环能力。经过7年的教学和实践的积累，曹老师进一步将原论文中"景观触媒"与"弹性建造"两个关键性的研究内容用"场地催化术"一个概念来统合，并将"自然催化"对应于"景观触媒"，是学术积淀升华的一种表现，希望这本风景园林设计理论的专著对于广大读者尤其是设计师有所裨益。

朱育帆

2020年3月8日于学清苑

本书旨在提出风景园林的过程属性，并由此探寻基于这一属性的风景园林设计方法。

在当下追求快速消费的时代语境下，风景园林很多时候被曲解为简单的图像，并导致了其自身的扁平化与无趣化。风景园林设计实践受到了过程属性的影响并由此形成了特定的设计策略与方法，这类设计方法的非显性及长周期性使其在这一时代语境下逐渐淡出了设计实践的视野。本书力图重拾这一学术线索，以过程的视角审视风景园林，用过程的理论阐释风景园林，用过程的方式建构风景园林，形成完整的理论研究与实践方法。

本书分为认识论研究、方法论研究和实践论研究3个部分。

在认识论中，本书从哲学视角挖掘风景园林过程的内在特征，从科学与美学视角探寻风景园林过程的认知方法。按形成机制将风景园林过程区分为自然过程与建构过程。在方法论中，本书通过历史及案例研究，确立了"自然催化"与"弹性建造"两种核心设计方法，从形态、建造、材料、功能层面构建出这两种设计策略的实现途径。在实践论中，本文通过3个不同尺度的研究设计探讨了两种核心设计策略的可操作性。

本书探寻了风景园林自演化、自调整、自适应的过程属性。为风景园林设计实践提供了一个选择性、开放性、补充性的设计理论。

目录

8 7 6 5 4 3 2 1

1.1.1 图像时代VS过程

斯洛文尼亚美学家阿莱斯·艾尔雅维获茨（Ales Erjavec）认为晚期资本主义与高度发达的媒体时代造就了图像与视觉的至高无上。在这一全球性的图像社会（society of the image）中，电视剧、电影、广告、招贴画变得越来越短，信息获取速度也变得越来越快。如果说艾尔雅维获茨只是用一种中性的态度去描述这一现象的话，那么居伊·德波（Guy Debord）的态度则更具批判性，居伊·德波认为图像作为一种符号，来自人类按照自己意愿下的武断生产，这种武断生产将意识、历史、活动等与时间相关的问题进行了过于简单化的操作，从而中止了事物的自然性存在。

在图像时代的语境下，风景园林也无法独善其身，这一不断演替、变化、生长的物质空间被压缩成为迎合消费与生产的图像，并最终被等同于视觉符号的拼贴。正如大卫·哈维（David Harvey）所说："尽管我们会创造出美好的空间和景象，但这些空间和景象的条件会随着时间变得越来越僵化。"从一定程度来说，根据图片绘制的景象越是趋近完美，其僵化的程度也越高。风景园林作为一种不断生长的物质而存在，其内在的意义与价值都孕育在时间的变化中；而在图像时代的价值语境下，这些价值因为无法以图像为单位方式去衡量，其意义和价值被轻易地抹杀。如果说马尔库塞（Herbert Marcuse）将工业时代下的人比作"单向度的人"的话，那么图像时代下的风景园林则是一种"单向度的景观"。可以说，图像化压缩不但使风景园林自身的语义被简单化和无趣化，更使其失去了原真性。

那么，是否存在一种策略，这一策略不以简单化的图像为唯一的判断标准，而以过程为线索，重新审视风景园林在生长变化中的内在价值？这种无法用图像单位去丈量的策略又是否可以转化成为一种设计手段来强化或是弱化风景园林本体的存在？基于这些思考，本书以风景园林的过程属性作为研究视角，这一视角将风景园林还原为"非图像化"的自然状态，重拾了其背后的价值与意义。

1.1.2 可持续VS过程

可持续的进程，需要通过在一定时间跨度中的设计活动进行实现。

理查德·福尔曼（Richard Forman, 1990）

在联合国经济与社会事务部人口司颁布的《世界城市化展望（2009）》中指出："在过去的30年中，中国的极快的城市化速度超越了很多国家，当前世界超过50万人口的城市中，中国占有其中的四分之一"。在2009年9月的《上海宣言》中提道："真正和谐的城市应该以可持续发展为基础，是一个自我更新、合理有序的城市生命体；是一个经济集约、生态环境友好、社会公平和睦的城市综合体"。由此可见，可持续发展是城市建设走向良性的必要条件。

因此，可持续发展是一种基于过去、当下和未来三个时间向量的动态发展，这一动态发展不仅满足人类现在的需求，也遵循未来的和谐，因此也是一个循序渐进的动态发展。换句话说，可持续发展的本质是建立在时间维度上的平衡发展。芭芭拉·亚当斯（Barbara Adams）认为，诸多可持续问题不仅依赖于环境的空间性（spatiality），更依赖于环境的时间性（temporality）。贝克（U. Beck）在其著作《生态启蒙》（1992）中也提出了相似的观点，他认为环境的时间性是其改变自身问题的希望所在。如果无法建立起问题与时间性的联系，对于环境问题的认识只会陷入空间制造的粗放方式之中。亚当斯与贝尔都将过程视为实现可持续的必要条件之一。风景园林作为不断自我生长的有机体，其可持续性同样实现于过程之中。

然而在具体的实践中由于没有认识到这一点，将风景园林被物化为一种快速建造下的人工产品，而忽视了其不断生产变化的过程属性，这一态度使风景园林失去了在过程维度中的一系列价值与机会，进而产生了经济、生态以及人文的不可持续。

因此，风景园林具有怎样的过程？风景园林过程具有怎样的价值？风景园林的过程又是如何影响到具体的规划设计的，这些问题的研究具有解决当下问题的现实意义。

1.2 平行研究

1942年伊里尔·沙里宁在其著作——《城市：它的发展衰败与未来》（*The City — Its Growth, Its Decay, Its Future*）一书中将生物体的有机生长与城市的更新进行了对比，将建筑比作城市的细胞，将城市比作由这些不同细胞形成的有机体，并认为城市自身在绝大多数时间内都处于一种有机的生长状态，因此，建筑师和规划师的工作核心是为城市的生长、发展创造条件。在规划方法上，沙里宁提出了"有机分散理论（theory of organic decentralization）"，该理论强调了方法上的灵活性与适应性，并可以随外在条件的变化进行必要的修改。

克里尔兄弟（Rober Kirl and Leon Kirl）作为类型学的建筑师，对于开放空间的研究兴趣远大于建筑单体的研究，在其著作《理性的建筑》（*Rational Architecture*，1978年）中，作者认为建成环境不是一个静态的物体而是被其使用者不断作用。并用了"形态发生"而非"形态"，界定了被使用者不断改变的城市空间。形态发生更为恰当地定义了这一领域的研究性质。

活跃于20世纪60年代至70年代的"新陈代谢主义（metabolism）"反对将建筑与城市作为纯粹的机器去对待，而将其作为动态的、像生物那样不断生长变化的有机体，其理论核心来自于对现代主义的批判性吸收（丁力扬，2011）。该学派提出了将"再生过程"（regenerate process）引入具体的建筑设计与城市设计中，再生过程的概念表达了一个基本的观点：城市中的环境与建筑不应当是建成之后就固定不动，而是需要成为连接过去、现在以及未来的特定过程。

希格弗莱德·吉迪恩（Sigfried Giedion）在1971年出版的理论著作《建筑与转变的现象》（*Architecture and the Phenomena of Transition*）中提出了"过程中的空间"（process space）这一概念，"过程中的空间"并没有从建筑单体层面去讨论其价值与意义，而是着眼于更为广泛的城市领域。吉迪恩认为正是这种"过程中的空间"将城市中原有的边界模糊化，从而引发出城市空间更多的可能性。从吉迪恩的观点来看，空间产生了过程，而过程则重新定义了空间本身，使其具有了新的含义。

保罗·索拉里（Paolo Soleri）将生态学的理论引入建筑学，他认为城市中的场所具有紧凑（compact）与自维持（self-contained）的特征，并由此将自己的理论称之为"城市建筑生态学（architecture ecology）"。在索拉里的理论中，认为城市中场所的形成总会伴随着能量与信息的交换，因此理想场所具有不断进化的特征。通过对一系列城市现象的观察，保罗·索拉里的结论是：越是复杂的系统，越具有良好发展的可能。一个相对简单并缺乏复杂性的物质组合无法形成生命的能力[①]。

克里斯托弗·亚历山大（Christopher Alexander）在其著作《秩序的本质》（*The Nature of Order*）一书中揭示出城市街区的形成与自然演化具有一定的相似性，而整体（Wholeness）与过程（process）分别代表了演化中的两极。由此可以看出，亚历山大强调了城市本身是一个不断发生与渐进的过程，这些不断的迭代与交错，塑造了城市自身的多样性与复杂性。正如他所说："在成长的有机体中，任何给定的终止和目的都是没有意义的，倒是存在一个转化的过程，它可以将有机体的现状进行有意义的转化"。这种强调过程的思维方式与传统静态的城市规划方法相反，亚历山大认为整体性的形成是基于场所自身演化的结果。亚历山大这里所说的过程，指的是进行协同工作的框架与步骤，过程自身也包含了秩序本身。

安妮·斯普林教授（Anne W. Spirn）1985年出版的著作《岩石花园》（*The Granite Garden*）和1989年加拿大学者迈克尔·哈夫（Michael Hough）所著的《城市与自然过程》（*Cities and Natural Process: A Basis for Sustainability*）是国外学术界最早关注风景园林过程的两本理论著作。安妮·斯普林（Anne W. Spirn）强调了城市设计中空气、水、地质、植物和动物和谐共生的重要性，她反对将人与自然二元割裂的考量，认为二者在某种程度上具有相促进、相互协调的作用。同时，她提出了"场地深层结构"的认知方法，"场地深层结构"产生于场地中地质、水文和生物气候过程，而风景园林师的核心问题是如何协调这些过程与人为活动的关系。从安妮·斯普林的态度不难看出，风景园林是多种隐性过程构成的显性表象，而风景园林师的工作则是如何构筑这一虽然隐性却能产生动能的结构。

迈克尔·哈夫（Michael Hough）则对自然过程的运转以及它们如何在城市环境中发生改变进行了讨论，并由此提出一个设计框架，形成一种更接近环境本质的视角，与安妮·斯普林的观点类似，哈夫通过考察自然和人文过程之间的相互作用，揭示出两者之间的共存关系。在《城市形态与自然过程》（*City Formand Natural Process*）的第一章"城市生态学：塑造城市的基础"中，哈夫认为传统的风景园林设计实际上是一种静态的努力，这种努力一旦形成，目标就是去维持现状，而当以过程的概念作为设计与维护（maintenance）的出发点时，则会发挥一种具有整合资源和持续发展的经营（manegement）作用，而不是通过相互分离或截然不同的行为来指导风景园林的发展。尽管没有形成完整的方法论和实践案例，但该书作者通过对纽约中央公园自然演变的分析，认为城市中的自然过程与经济、产业分布以及文化活动会产生必然的、具有相关性的联系。

1992年英国城市规划学者Peter Bishop与Lesley Williams的著作《临时城市》（*The Temporary City*）中指出：建筑师、城市规划师以及风景园林师必须承认时间对于具体规划设计的影响，Peter Bishop将城市空间的形成从时间的角度进行划分，具体划分为"过程空间、中期空间、长期空间"三种类型。受到混沌科学与复杂理论的影响，本书认为现代城市由于受到消费、市场、建设等多方面不确定性变化的影响，"过程空间"将取代"长期空间"，如果还是以经典的城市理论去应对这类空间势必造成大量的资源浪费。除此之外，该书作者通过对欧洲和北美的68个案例的叙述说明了"过程空间"所带来的新的可能和机遇。

1995年卡尔·斯坦尼兹（Carl Steinitz）教授发表了名为《"设计"是一个动词？"设计"是一个名词？》（*Design is a Verb? Design is Nuon?*）的文章，在该文章中斯坦尼兹认为风景园林设计是一个自然材料和人工材料物质化的过程，如果仅以一种静止的态度去进行风景园林的设计活动则会丧失设计对象自身的特点与优势。

1996长谷川浩己（Hiroki Hasegawa）编著的《过程：建筑》（*Process: Architecture*）一书汇集了乔治·哈格里夫斯（George Hargreaves）在1985年至1995年这十年中的主要实践作品，该书分为评论与案例两个部分，在评论部分中包括了Susan Rademacher发表的《通向场所的特质》（*Toward Site Specificity*）、John Beardsley发表的《熵与新景观》（*Entropy and New Landscapes*）、Reuben Rainey发表的《物质性与叙事性》（*Physicality and Narrative*）、James Corner《演变》发表的（*Aqueous Agents*）以及Peter Rowe 发表的《当下与未来的景观》（*Landscapes of the Present Future*）。这些文章针对哈格里夫斯的一系列作品，批判性的认为当代景观设计在现代主义的影响下，将风景园林物化为充满简单性与工具性的空间单元，由此而失去自身的诗意（potic），而哈格里夫斯的作品由于关注场地中的变化因素，因而形成了具有过程意义的景观。在《熵与新景观》一文中，John Beardsley认为哈格里夫的作品具有一种"诗意的过程"。

乔治·德孔布（Georges Desceombers）在其1998年发表的文章《场所的改变》（*Shifiting Sites*）中，对于风景园林过程提出了这样的观点：风景园林在时间的尺度下不仅是展示时间流逝的媒介，更应该表现出未来潜在发展的影响力，而这种影响力的大小则取决于风景园林自身对外部环境改变后的适应程度。

---

① Paolo Soleri. Arcology: The City in the Image of Man.Cambrige ,M.A:MIT Press,1974.

1999年由詹姆斯·科纳（James Corner）编著的《当代景观学的复兴》（*Recovering Landscape: Essays in Contemporary Landscape Architecture*）记录了从1989年至1999年这10年内风景园林学的新动向，同时也讨论了风景园林学在新世纪延展的其他可能。其中包括三个部分；第一部分"时间与空间的再读"中以阿姆斯特丹森林公园（Bos Park）为研究对象，阐述了风景园林设计是建立在学科分析（水文、森林和社会科学）上的时间性操作，时间性操作的意义在于并没有将工作的重点放在公园本身的形态塑造上，而是赋予了公园动态的生产意义。

2004年，在莫森·莫斯塔法（Mohsen Mostafav）编著的《景观都市主义：工具手册》（*Landscape Urbanism: A Manual Machinic Landscape*）一书中强调了风景园林可以通过一种过程的策略来形成经济、生态、文化等多种价值。

2006年国际风景园林师联盟（IFLA）会议在澳大利亚的悉尼举办，此次会议的主题为"时间"（time），三个分议题分别为"时间催化剂（Time as Catalyst）""为时间设计（Designing with Time）""时间和技术（Time and Technology）"三项主题。此次大会的致辞是这样写的："时间是风景园林的精髓，在影响材质和变化的同时也塑造了空间的形态和场所的内涵"。可以看到，此次会议对于风景园林过程的关注已不仅仅局限于生态学语境下的自然组织过程，而是将视野扩展到了更为宽广的社会与人文领域。

在詹姆斯·科纳（James Corner）2009年所发表名为《流动的土地》（*Terra Fluxus*）一文中，科纳认为风景园林因其自身的灵活性与自然性，可以成为替代建筑单体的一种城市构成单位，并由此形成一种更为宽松和自然的城市发展。同时，为了应对城市发展中的复杂问题，需要建立以生态学作为方法论的实践策略，在以生态学作为方法论的设计实践中，关注点应当从形态、表象等静态问题转移至事件、过程等动态问题。

2006年8月由查尔斯·瓦尔德海姆（Charles Waldheim）所编著的《景观都市主义》（*The Landscape Urbanism Reader*）一书，是由编者于1997年4月在芝加哥组织举办的景观都市主义会议中的部分发言论文修改整理而成的。其中与风景园林过程相关的有以下几个论点：①风景园林应当结合生态科学理论，使场地中的生态要素形成一个具有可自我调节与自我组织能力的动态系统；②风景园林设计任务是将场地转变为随时间发展的生态机制，而不是建立一种理想化的静态平衡；③利用数字技术开展具有实验性的动态图解，将影响场地变化的驱动力进行图解，以便实现动态和连续的设计实践。

2006年Florian Haydn编著的*Temporary Urban Spaces: Concepts for the Use of the City Spaces*一书提出了城市公共空间具有可变换、可转移的过程属性，此书分为两个部分，前半部分收集了有关城市公共空间过程的11篇论文，后半部分收集了36个在美国以及欧洲的实践案例。

2008年由米歇尔·道森（Michel Desvigne）与詹姆斯·科纳（James Corner）共同编著的《中间自然》（*Intermediate Natures*）以法国风景园林师米歇尔·道森的实践作品与理论为对象，诠释了风景园林与城市生活相互作用的可能与潜力。在道森所建立的"中间景观（in between landscape）"理论中，包括了以下几个关键概念：转型、地理、领土城市结构，并通过7个实际的案例阐释了这几组概念的具体含义。

2007年出版的《大公园》（*Large Parks*）一书，作者为（Czerniak and Hargreaves），是基于2003年4月于美国哈佛大学设计研究生院（Harvard Graduate School of Design）举办的学术研讨会中的发言论文汇编而成的理论文集。会议中讨论的议题包括城市、生态、过程与场所、公众和场地历史等。从总结过去、畅想未来的角度探讨了城市与生态、过程与地点等问题对景观规划、设计和公园管理的影响。在梅耶·伊丽莎白（Elizabeth K. Meyer）题为《不确定的公园：被干扰场地、市民与风险社会》（*Uncertain Parks: DisturbedSites, Citizens, and Risk Society*）的文章中，作者提出大尺度的城市公园应被看待为生产与消耗同时发生动态景观，需要一种更为灵活的设计策略将发生在这里的个人行为、集体事件以及生态变化进行巧妙的联系。除此之外，*The Artificial landscape*（Hans Ibelings, 2000）、*Mosaics WEST8*（A. Geuze, 2002）分别以案例分析的方法叙述了荷兰当代风景园林实践对于过程的关注，其中阿姆斯特丹森林公园、阿姆斯特机场景观为主要介绍案例。

2010年，尼尔·G·科克伍德（Niall G. Kirkwood）在参加第47届IFLA年会时提出了"弹性景观（reliscience landscape）"的概念，"弹性景观"强调了景观作为一种动态系统在面临生态、社会等干扰因素时具有承受干扰及自我适应的能力。尽管"弹性景观"这一概念是针对全球变暖、极端气候条件、全球化移民等宏观问题而提出的，但其思考基础是将风景园林作为一种具有过程属性的物质载体，并通过这一属性的延展回应当下存在的现实问题。

2012年，西班牙风景园林师特雷莎·伊泽德利（Teresa Gali-Izard）的著作《同样的景观》（*The same landscape*）提供了一系列小尺度花园的案例，尽管研究对象的尺度范围并没有扩及城市和区域尺度，但是作者并没有将关注点完全着眼于自然过程，而将人为介入过程作为了研究的重点。作者通过为期10年的观察、调研以及访谈，汇集了34个主要研究案例成果，这些案例当中一部分来自作者自身的设计实践，另外一部分案例则源自作者对一些相关现象的观察。

（图1-1）

图1-1　国外相关理论著作

8 7 6 5 4 3 2

风景园林作为一门较为年轻的交叉学科，从一定程度上来说，其发展与成长很大程度上受到了其他基础学科的影响。因此，本章通过"跨学科"的视角对"过程"进行溯源研究。"跨学科"（interdisciplinary）理论溯源的目的在于跨出学科界限，在不同类型的学科之间发生思想交叉、渗透、融合并形成新的学科或理论。本章首先对过程的基本释义进行词源研究，在此基础上分别从哲学、科学、美学等不同视角对过程及风景园林之间的关系进行深入地认知，从而扩展对于风景园林过程的认知范畴，在此基础上对风景园林过程这一核心进行定义与限定。本章所做的研究工作为接下来的工作建立起广泛的研究视野以及坚实的基础（图2-1）。

2.1 风景园林与过程

2.1.1 "Landscape Architecure"中的过程

表2-1   不同语言学下的landscape含义

语系	词语
英语	landscape
德语	landschaft
丹麦语	landskab

现代英语中"landscape"一词最早来源于17世纪初的荷兰语"landschap"，其最初的含义指的是自然风景和田园景色（王晓俊，1999）。"landscape"在古典英语中的释义为"landscape"，丹麦语中相对应的释义则为"landskab"，而德语则为"landschaft"（表2-1）。狄克逊·亨特（John Dixon Hunt）认为从这4种语言所对应的单词可以分为两个音节，即"land"与"scape"，"land"的本意是指土地和田地，在这里"land"作为名词指明了风景园林的物理属性；而第二个音节"scape"则由单词"shape"转变而来，"shape"作为动词具有"形成"的含义。在风景园林一词的英文释义"landscape architecture"中，"architecture"并非实体的建筑物，而是指代了"营造"与"营建"[①]。道萨迪亚斯（Doxiadis）指出："人类的聚居是动态发展的行为，并由此形成了聚居体本身的有机生长"。道萨迪亚斯阐明了人类的聚居实质上是大量个体营造形成整体变化[②]。建筑史学家里科沃特（Joseph Rykwert）在《城市的理念》一书中说道："城市是被居民们一点一点地营造起来的，营造方式与内容的不同形成了同一地点在不同时间下的差异"[③]。以上的观点都明确了在时间

维度中，位于同一物理地点的人工环境会随外界条件的变迁而不断产生出新的变化。

由此可见，风景园林由"户外自然"和"人工营造"两个部分所组成。无论是不断生长的自然部分还是持续变化的人工营造部分，其存在是持续和变化的而非静止和封闭的。

2.1.2 中国古典园林话语体系中的过程

1. 产生于自然审美的"时象"观

对于风景园林过程的认知，并不仅存在于西方的学科体系，在中国古典园林的学科分支中，同样认定了变化与生长是风景园林的永恒之道。庄子在《知北游》中用"天地有大美而不言，四时有明法而不议，万物有成理而不说"道明了自然环境的变化之美。吴自牧的《梦粱溪》用"湖山之景，四时无穷，虽有画工，莫能摹写。四时之景不同，而赏心乐事者亦与之无穷矣。景由时而现，时则因景可知"来强调了西湖在一年中的景象变化。而郭熙则在《林泉高致》用"春山淡冶而如笑，夏山苍翠而如滴，秋山明镜而如妆，冬山惨淡而如睡"表达了类似的观点。可以说，在中国古典园林的话语体系当中，对风景园林过程的认知产生于主、客体之间的审美活动，这一观点在《园冶》一书中得到了充分的体现。

《园冶》第十篇"借景"当中写道："借景有因，切要四时，夫借景，林园之最要者也。如远借，邻借，应时而借。"计成所描述的"应时而借"旨在通过引入景象的变化，赋予同一空间不同的形态特征，并产生最终的"时象"。时象一词顾名思义，可以理解为因时间的发展而产生变化的景象（图2-1，文后附彩图）。因此，时象也是中国古典园林对于风景园林过程的普遍性认知。

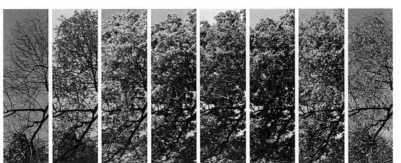

（图2-1）

① 引自：王绍增. 论LA的中译名问题. 中国园林，1994（4）：58-59.
② 引自：吴良镛，人居环境科学导论. 北京：中国建筑工业出版社，2002:231-232.
③ 引自：（美）Joseph Rykwert.城市的理念——有关罗马、意大利及古代世界的城市形态人类学.刘东洋，译. 北京：中国建筑工业出版社，2006:13.

图2-1 因时间发展而产生的变化景象

2."时象"的三种类型

"时象"的产生承认了风景园林与过程的密不可分，并利用过程在不同时间尺度下形成了不同的景象（表2-2）。具体而言，"时象"可以分解为3种类型（金学智，1990）：

（1）以一年中4个季度为基本单位的季相类型。因四季的气候变化而产生出的景象更替。如西湖十景中"苏堤春晓""平湖秋月"。圆明园中的"春雨轩""清夏堂""涵秋馆"，这里春、夏、秋都表明了季相的变化。

（2）以一天为基本单位的时分类型，利用一天内的时间变化所产生的景象更替。如颐和园中的"迎旭楼"，避暑山庄中的"锤峰落照"。

（3）以风、云、雾等自然现象为产生的气象类型，利用了气候的扰动现象产生出景象的更替。如西湖的"断桥残雪"和留园的"雨打芭蕉"。

表2-2   "时象"的类型区分

时象	划分类型
季相	以季度为基本单位
时分	以一天为基本单位
气象	以瞬时气候变化为特征

不难看到，无论是西方"LA"观，还是在中国古典园林的"时象"观，都承认了过程是风景园林的一种基本属性。所不同的是，在"LA"话语体系当中，更加倾向于将风景园林过程解释为环境自身的演变，而在中国古典园林的话语体系当中，则倾向于将风景园林过程解释为主体与对象的统一。

2.1.3 当代风景园林学中的过程

图2-2 基于风景园林过程的5个研究命题
（图片来源：笔者根据霍维特的观点绘制）

场地驯化术：
一种基于风景园林过程性的设计方法

在当代风景园林学的学科体系中，过程也是一个不可忽视的学科命题。1987年霍维特（Howett）提出了风景园林学的5个核心的研究命题：①风景园林过程、②对具有意义的形式的读解、③景观再现、④生态和设计美学、⑤场地的特质。这其中每一个研究命题都可以与其他4个命题进行合成读解，形成次一级别的研究命题。按照霍维特观点，风景园林过程可以与其他4个核心命题依次合成为"风景园林过程与形式意义读解""风景园林过程与景观再现""风景园林过程与生态""风景园林过程与设计美学"和"风景园林过程与场地特质"5个次级研究命题，这5个关于风景园林过程的次级核心涵盖了生态、美学、技术、文化等多个维度。安妮·斯普林（Anne W. Spirn）认为过程是风景园林中的一个不可回避的问题，在她1998年发表的论文《风景的语言》（*The Language of Landscape*）中有这样的描述："从古至今，无论小到一个花园还是大到一个公园，都不可能脱离与过程的关系。对风景园林过程的建构和利用是一种综合的设计技巧与方法。"她同时也批判了一些风景园林师仅是负责风景园林内部元素的形状和颜色，而不是激发它们之间潜在的可能和过程。

由此可见，过程作为风景园林的一种属性存在于任何尺度、类型的场地之中，并具有生态、美学、文化等多个层面的意义。

2.2 过程的基本释义

2.2.1 词源学释义

对"过程"一词进行拆字解析，其中"过（across）"包含了以下4重含义①从这里到那里、此时到彼时的变化；②超出与超越（pass）；③重新与反复；④通过与经历（through）。"程（order）"则包含了以下3重含义：①规矩与法式（order, rule）；②进展与限度（progress）；③衡量与考核（agenda）。可以看到，"过"强调了变化和生成，而"程"则强调了控制与计划。在《辞源》中，对于过程的定义为："事物在发展所经历的程序和阶段之后所呈现的反映，是指事情进行或事物发展所经过的程序"。《英汉计算机技术大辞典》中将过程定义为"一种程序设计方法，利用框架层次结构进行继承性的连接"。《哲学大辞典》中将过程定义为："事物运动在时间上的持续性和在空间上的广延性，过程表现了事物过去、现在和未来的变化，这种变化存在于空间和时间两个维度①"。过程的英文释义为"process"，在《英

---

① 怀特海认为，广延是指某种性质使得一个事件可以成为另外一个事件的一部分，或者两个事件共有相同的一部分，广延是事件之间相互联系的一种表现形式。（引自：怀特海. 过程与实在. 北京：商务出版社，2011:27）

汉高阶词典》中，对"process"一词做出如下解释："通过设立一系列具有可操作性的步骤，从而实现某种预设的目标，具有一定工具性"。由此可见，过程作为名词，指代了主体为了达到既定目标所必须完成的一系列的步骤与程序，如"写作的过程、劳动的过程等"；作为形容词，则描述了事物的"未完成"的状态，如"A处于过程之中"意味着A作为一个事件并没有完成。

2.2.2 概念廓清

与"过程"相近的几组词语分别为"进程""过渡""流程"。相对于"过程"，"进程"侧重于事物发展进行的快慢程度，也更为关注事物的单向发展，缺乏对可逆的考虑。而"过渡"强调新事物的产生和旧事物的消逝，近似一种发展主体的完全演变，因此也可以将"过渡"归类于"过程"中的一种类型。"流程"则更强调事物发展中的机械程序，缺乏对于变化的考虑。作为本文的研究对象，风景园林的"过程"是自然与人文、历史与现代等多个矛盾不断变化的统一体，因此用"进程""过渡""流程"都无法全面描述风景园林演变发展的特有属性。

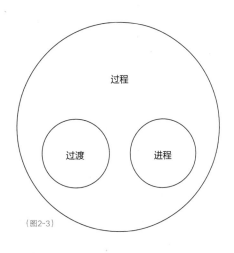

（图2-3）

2.2.3 不同领域的认知

在不同领域中，对"过程"也有着不同的理解。信息学认为过程是："完成系统所需的任务框架，包括中间产品、资源、角色、采取的方法以及工具等范畴，过程自身具有一定的工具性。"管理学强调了过程是一种组织活动，因此具有了主观性和可计划性。经济学认为过程是可以进行增值的系统，这一系统所形成的输出大于输入，并由此产生出新的增值。风景园林的建造作为一项经济活动，是否可以通过对其过程的掌握而获得相应的价值收益？生态学认为过程是生态系统中维持生命物质循环和能量转换的方式，更加注重过程的循环性。生态学作为风景园林学的基础学科之一，从系统观的角度出发，揭示出系统间的物质循环和能量转换发生在过程之中。

通过不同学科领域对过程的认知研究，从中我们不难发现，对于过程的认知存在于客观现象和主观运用操作两个维度，生态学和哲学将过程作为一种客观现象进行描述及探知，而信息学、经济学等实用学科则更注重过程所具有的实际意义（表2-3）。

表2-3 　　　　　　　　　　　　　　　　　　　　　　　　　　　　　　　不同学科对于过程的认知

学科	认知
信息学	框架
生态学	能量的转换
经济学	价值增值
机械工程学	工具、流程
景观生态学	过程与格局不可分割

2.3 风景园林过程的定义

2.3.1 基本定义

本书对于风景园林的过程（process in landscape）作出以下定义：在自然、社会、文化等诸多驱动力的相互作用下，风景园林在时间、空间两个维度持续发生变化的总和称为风景园林的过程。确切来说，本书所定义的风景园林过程指的是"风景园林中的过程"，也就是说这里的过程由风景园林本体产生，其英文对应为"process in landscape"，这里介词"in"突出"process"与"landscape"的内在所属关系。风景园林过程形成于物质的循环与事件的流变之中，具有时间的异质（heterogeneity of time）、空间的连续（continuous）、事件的生成（becoming）以及物质的更新（novlty）4个基本特征。本书在这里所提出的风景园林过程是由不同驱动力相互作用、不同要素相互叠加而产生的综合现象。也就是说，"风景园林自然过程""风景园林人文过程"等不同类型的过程是这一综合现象的不同侧面。

2.3.2 概念廓清

首先需要说明的是，本书在这里提出"风景园林过程"是指风景园林在自身的生长变化以及外在干扰影响下产生的过程，是设计对象自身发生的过程。而非客体发生的决策、建造以及设计等广泛意义上的过程。

客观来说，过程作为一种现象存在于任何尺度、类型的物质环境之中。然而本书所提出的风景园林过程（process in landscape）并非地理学中的环境过程（enviromen process）以及景观生态学中的景观过程（landscapae process）。

首先，风景园林过程的产生主体是具有物质形态的风景园林（landscape architecture），而非地理学中的环境（enviroment）与景观生态学中的景观（landscape）。地理学的环境指的是环绕于人类客观事物形成的整体现象（艾定增，1995），包括了一切的景色（scenery）与景物（scene）[1]。环境过程泛指整体环境中存在的一切变化，其意义较为宽泛。景观生态学[2]吸收了地理学的科学基础，以生态学为研究范式，强调了区域尺度与地理尺度下生态过程之间的动态关系。景观过程指的是某一地段中生物群体之间相互影响后形成的潜在变化，其中包括能量、水分、养分在生态系统垂直及水平方向上的运动与分配，具有生态载体的涵义（傅博杰，1996），并认为景观过程与景观格局（pattern）之间具有不可分割的关系，通过对景观过程的评估可以建立起对植被影响、水文效应、热岛效应等宏观问题的预测。其中最为经典的理论是卡尔·斯坦尼兹（Carl Steinitz）所提出的"过程模型（process model）"（图2-4），过程模型主要涉及以下两个问题：①景观体系中的各个元素是如何运行的？②各个元素之间的功能关系和结构关系是怎样的（俞孔坚，1999）？

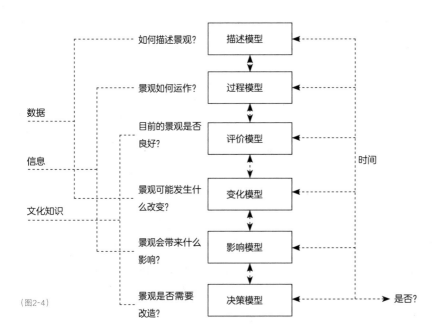

（图2-4）

尽管风景园林从属于地理学中的整体环境，并与景观生态学中所探讨的对象存在交集，但其涵盖对象却有所不同。在农耕文明时代，花园、圃、林园、宅院、苑等不同类型的园林构成了这一时间段的风景园林空间范畴。而在工业文明时代，基于城市公园规划设计的实践经验，以奥姆斯特德为首的美国风景园林师在19世纪后半叶将城市公园系统、国家公园等大尺度的公共空间纳入了风景园林所涵盖的范畴中。尽管随着时代语境的不同，风景园林的范畴会发生新的转变，但这些范畴往往是通过人类精心规划、设计、营造而形成的人工与自然的境域，并且承载了人类的多种行为与使用。其次，风景园林是由植物、水文、建筑相互组合构建而成的实体物质，具有观感、触感、嗅感甚至情感等多种可以人为感知的尺度（陈有民，1998）。这也就意味着风景园林过程往往以能被人感知的现象呈现于场地中。因此景观过程趋向于一种偏向宏观的、复合的、间接的、潜在的过程，而风景园林过程则趋向于一种微观的、直接的、具体的现象（图2-5）。尽管存在诸多的不同，然而对于风景园林过程的研究需要地理学、景观生态学、生物生态学等研究成果的介入，这些成果有助于针对风景园林过程产生出新的知识方法。

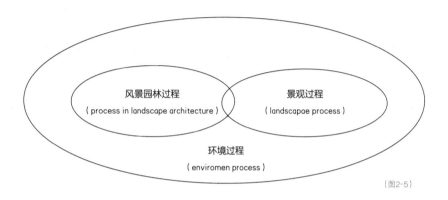

（图2-5）

2.3.3　范围限定

　　尽管风景园林过程存在于不同类型、规模、尺度的风景园林当中，但其产生的现实影响却完全不同。本次研究的最终目标在于探明风景园林过程是如何影响到具体的设计实践的，对于不产生出设计实践意义的风景园林过程不做重点研究。因此需要对承载风景园林过程的物质载体进行空间范围上的限定。

　　进行限定需要满足以下3个原则：①载体本身具有一定的自然属性，并可以形成一定的自我维持与自我更新；②载体受到人工建造的干扰，由此产生出连续的变化；③载体的自我更新以及受到人工建造的变化对于人居环境产生较为直接的影响，也就是说载体本身的过程属性具有一定的现实意义。

---

① 引自：陈传康. 苏联景观学的发展现况和趋势. 地理学报，1962（3）：230-240.
② 景观生态学（Landscape Ecology）最早由德国地理学家特洛尔在1939年提出，1984年纳维（Z. Naveh）和利伯曼（Lieberman）出版了景观生态学领域的第一本专著——《景观生态学：理论与应用》（Landscape Ecology:Theory and Application）。景观生态学运用系统原理和系统方法分析评估整体景观中的物质流、能量流、信息流与价值流的传输和交换，研究整体系统的动态变化以及构成整体系统要素之间的相互作用机理。（引自：肖笃宁. 景观生态学. 北京：科学出版社，2010：19）

图2-4　斯坦尼兹的6个景观模型
［图片来源：（美）巴里·W·斯塔克（Barry W. Starke），《景观设计学概论》］
图2-5　风景园林过程与环境过程和景观过程的关系

艾伦·卡尔松（Allen Carlson）认为人类环境可以分为纯粹自然环境、人类影响环境与人造环境3种类型（艾伦·卡尔松，1997）。伯纳德·内贝尔（Bernard Nebel）对于环境也有相似的分类，其认为按照人类对自然的影响程度，可以将环境划分为自然系统、半自然系统以及人工自然系统3种类型物质环境。自然系统指的是可以仅依靠自我新陈代谢与调节维持相对稳定的动态系统。半自然系统是在自然系统的基础上，通过人工的调节管理，使其更符合人类主观世界的使用目的。而人工自然系统则是按照主观需求完全由人工设计制造而成。

针对上文提出的3个限定原则，本书将对此次研究的载体限定在卡尔松所定义的半自然系统以及人工自然系统两种类型环境，对纯粹自然系统不作为研究范畴。半自然系统与人工自然系统因为自身具有新陈代谢的能力并且受到人工建造的较强干扰，因此过程属性尤为明显并呈现出复杂的趋势。本书对纯粹的自然系统不做过多讨论，而将研究聚焦于半自然系统与人工系统共同组成的"混合景观"（hybrid landscape）。具体来说，这两类系统主要分布在城市建设用地范围内以及尽管在城市建设用地之外但对城市生态和居民公共生活起到积极作用的特定区域（图2-6），因此其过程属性具有较强的现实影响。城市公园、附属绿地、其他绿地等城市绿地[①]是这两类系统环境的现实对应。

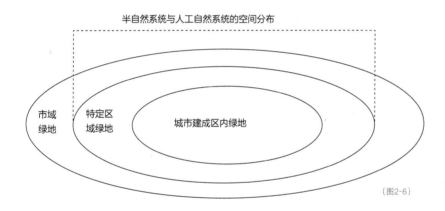

(图2-6)

2.3.4 度量方式

通常情况下，风景园林在自身演变与外界干扰的作用下呈现出周期性循环变化与非周期性变化两种状态（图2-7）。前者是由构成风景园林系统的要素之间相互协同而产生的变化，具体包括植物在每年不同季节进行开花结果等自然现象。而后者则更多来自于系统外部因素的干扰。周期性循环变化因其自身的规律性与因果性可以进行一定程度的控制。而非周期性变化是一种面向未来的矢量变化，具有更多的不确定性与复杂性，也是本书所要探讨的重点。

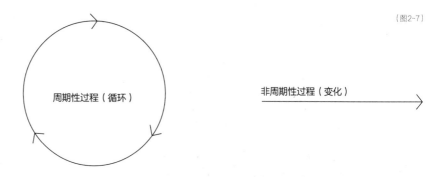

周期性过程（循环） 　　　　　　　　　　　　　　　　　　　非周期性过程（变化）

　　英国学者因戈尔德（Tim Ingold）认为风景园林并不仅仅存在于地点（land）与空间（space）之中，更存在于时间之中。因戈尔德认为风景园林过程表现为时间和空间两个维度的异质性[2]。因此，对于风景园林过程需要从时间尺度、空间尺度两个维度进行度量。时间尺度是一个相对的概念，是指变化的时间间隔。时间尺度建立的目的在于更好地观察在不同时间单位内风景园林在固定空间的转变。在常见的风景园林设计实践中，通常会采用记录（record）的方式来实现不同时间尺度下风景园林过程的图解。美国奥本大学景观规划系（Auburn University' s School of Architecture, Planning & Landscape Architecture）通过记录山核桃（*Carya cathayensis*）在一年内每个月中的生长变化，并将这一变化在以12个月为时间尺度的环形年周期图中进行图解，从而实现了对山核桃生长的认知与控制（图2-8，文后附彩图）。

　　空间尺度是指场地的物理距离与面积，不同空间尺度的风景园林

---

① 在2002年10月16日颁发的《城市绿地系统规划编制纲要（试行）》中，将城市绿地系统规划分为"城市各类园林绿地的规划建设"和"市域大环境绿地空间的规划布局"两个空间层次，相对应为"城市绿地"与"市域绿地"两种类型。"城市绿地"包括城市建设用地范围内用于绿化的土地和城市建设用地之外对城市生态、景观和居民休闲生活具有积极作用、绿化环境较好的特定区域。"市域绿地"则可理解为城市行政管辖的全部地域内的绿地，涵盖了市区、市郊所有自然或人工的绿化区域。"城市绿地"由于其区位特点，在社会、经济等多种因素的影响下会呈现出较为敏感的变化，其过程性表现较之于其他类型绿地更为复杂多样。为了便于叙述，本文将人工自然系统下的城市绿地简称为"城市风景园林"。[引自：《城市绿地分类标准》（CJJ / T 85—2002）]
② 异质性是一个相对均质性的概念，强调了不同尺度下事物存在的差异性，异质性越强说明构成该单位的子单位的差异性越强。

图2-6　半自然系统与人工自然系统的空间分布
图2-7　周期性变化与非周期性变化

第 2 章
何为风景园林过程？

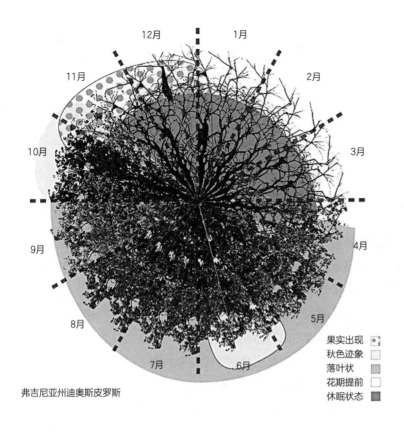

12月　　1月

11月

2月

10月

3月

9月

4月

8月

5月

7月　　6月

果实出现
秋色迹象
落叶状
花期提前
休眠状态

弗吉尼亚州迪奥斯皮罗斯

会形成不同的过程[①]。通常在更大空间尺度中，各种生物生命周期、演替过程会持续较长的时间（杨需汝，2010）。理查德·韦勒（Richard Weller）认为风景园林过程在场地尺度中往往与审美发生关系，而城市尺度中的风景园林过程则体现在场地功能的转变（Richard Weller，2011）。从韦勒的观点中可以看出，风景园林过程的复杂程度与其尺度大小具有一定的正相关性。与韦勒的观点类似，茱莉亚·克泽尼亚克（Julia Czerniak）认为，针对较大尺度的风景园林，风景园林师首先要发现场地中的不同类型过程，在理解这些过程之间的潜在关系后，需要建立起它们之间的联系（related），联系的意义在于最大限度地实现生态、文化等多个层面的可持续性。在这个步骤中，需要以植物学、土壤学、物候学、气象学、生态学、建筑学等多学科为指导方法，从而更好地建立起不同过程之间的联系。与此不同的是，较小尺度的城市风景园林由于其自身不具备较为复杂的生态链，很难保持一种自组织下的维持。因此，在较小的场地尺度当中，风景园林师需要有意识地设计出不同类型的过程从而获得场地的审美价值和场所价值。

2.4　风景园林过程的哲学解释

2.4.1　过程论的观点与发展

过程论包括了系统论、演替论和共生论3种基本观念，而非过程论在包括了恒久论、还原论以及超验论（Charles Hart shorne，1982）。非过程论试图用绝对的实体来统摄一切，所定义的事物是一种完成的、封闭的、不变的独立存在，其最大的诟病在于它一开始就假定了世界是不生不灭、唯一和不动的孤本（ousia）[②]。换句话说，非过程论否定了事物在"过去、现在、未来"三个时间维度的差异。与非过程论相反，过程论用联系、运动、变化、转化、发展的观点看待事物的存在（图2-9）。过程论最初由过程辩证法演变而来，最终由怀特海提出最为完整的"过程哲学"，贯穿在整个哲学史的发展之中。需要说明的一点是，过程论并不是完全否定世界的实际存在，而是强调了实际存在是一种动态的而非静止的存在，是一种生成的（becoming）而非恒久（being）的存在。

（图2-9）

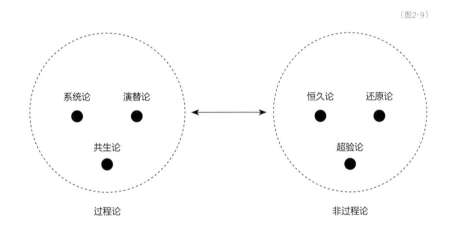

① 对于不同空间尺度的过程是否可以转化也有不同的观点，Milne的态度较为中立，认为不同尺度下的过程是否可以进行转换，需要对于它们的信息获取在不同空间尺度下进行测定。而Neil所建立的等级理论认为，属于某一尺度的自组织过程和性质受制于该尺度，每一个尺度下的自组织过程因此也都有约束体系的阈值，因此过程的尺度转换不是无条件的。

② 希腊语中"实体"一词的原文是ousia，ousia除有"实体"之意外，还有"本质"之意。实体论是哲学的一个核心范畴，亚里士多德（Aristotle）对实体论的论述主要集中在《范畴篇》和《形而上学》第五、七、十二卷中。实体论将"实体"作为哲学的第一范畴，其他范畴通过依附于实体而存在。亚里士多德认为实体具有以下基本特征：实体是具体的，并且没有与之相反的东西。

图2-8　以月份为时间单位的图解记录
（图片来源：www.hillworks.us/research）

图2-9　过程论与非过程论的区别

在《蒂迈欧篇》中，柏拉图（Plato）认为世界是处于非存在和存在之间的过程。赫拉克利特（Heraclitus）将世界的始基定位为"火"这一最接近于没有形体的物质。他曾经这样说过："火是运动的，是一种能量场，能使别的事物运动。"在赫拉克利特看来，正是由于过程，世界才得以运转。黑格尔尽管没有对过程论进行完整的叙述，但是在他的很多著作中都会发现对过程的思辨。黑格尔将世界视为一个过程，将整个自然的、历史的和精神的世界描写为是不断运动变化和发展的，并且企图揭示这种运动和发展之间的内在关系。由于所在的历史局限性，黑格尔认为过程具有机械性和规律性。唯物辩证法不仅承认了过程是物质、运动和时间、空间的辩证统一，并且认为过程是一种由低级上升到高级的不断变化。布迪厄（Pierre Bourdieu）认为"事物的特性在过程中得以构建，并从过程中获得此时此刻的意义与方向"（Bourdieu，1983）。雷切尔将过程分为两类：有组织的过程（owned process）和无组织的过程（un-owned process）。雷切尔在这里所定义的有组织过程，是在主体意识下通过计划、组织产生的过程，而无组织的过程则是一种独立于主体之外天然存在的过程（秦亚青，2012）。除此之外，布洛赫认为自然界中的自然过程并非简单存在，而是具有一定的潜能，这一潜能被人类的需求所激发。当自然与人类出现某种协同关系之后则会形成一种能量的摄取与给予，并以过程的方式进行相互传递。布洛赫不仅肯定了自然的潜在性，而且将人的非异化劳动作为激发这一潜能的中介。

以上哲学家以及学派对于过程的讨论主要集中在本体论的范畴当中。尽管不同哲学家之间对过程的阐述略有不同，然而他们都具有相同的立场：将世界的本源作为一个过程而非实体，以变化和发展作为最基本的立场来看待我们所在的真实世界（表2-4）。

表2-4   过程论中的不同观点

代表人物	核心观点
柏拉图	事物处于过程之中
赫拉克利特	世界本源是过程；过程可以产生出能量
狄尔泰	世界是由各种关系组成的系统
黑格尔	世界处于不断变化的过程之中；过程具有精神目的性
辩证法	过程由低级到高级不断上升
怀特海	世界不由对象构成，而由事件构成
柏格森	世界的创造性存在于过程当中
布迪厄	事物的特性在过程中得以建构

2.4.2　过程哲学的观点

1．事件与对象：怀特海的观点

从赫拉克利特到黑格尔，过程论的发展一直没有中断过，但却一直没有专门的哲学体系诞生。直到20世纪40年代，怀特海（Whitehead Alfred North，1861～1947年）[①]在他的著作——《过程与实在》一书中第一次认为过程哲学是独立于其他门类的单独哲学体系。过程哲学在哲学领域受到了柏格森的演化论[②]、詹姆斯（William James）和杜威（John Dewey）的实用主义（pragmatism）等其他思想影响。除此之外，布雷德的情感解释、摩尔根的突创理论、爱因斯坦的相对论都进一步影响到了怀特海过程哲学的形成。过程哲学的发展也离不开20世纪30年代自然科学领域的发展：在这一时期内，非欧几何、黎曼几何大大地改变了传统的几何观；法拉第的电磁效应学、普朗克的量子理论挑战了古典物理学绝对时空观和物质观，并且动摇了物体运动遵守机械因果关系的信念。

具体来说，怀特海认为过程都不是"对象（object）"[③]构成下的给定性存在，而是由"事件"形成的动态演变，事件也是构成过程的最小单位，具有现实构筑的唯一性（substantial unity of being）。"对象"指的是可以感知的任何事物，如现实世界中的树、水、土壤等等，而"事件"是承载了时间的对象或对象组，换句话说，对象是事件的成分（factors）与元素（elements）。主体通过情感、意图和建构摄入（ingression）[④]使得对象转变成为事件。

2．表象与潜在：柏格森的观点

亨利·柏格森（Henri Bergson，1859～1941年）在《创化论》中认为物质存在于现过去、现在和未来三个时间维度中，是一种相互包含并不断转化的状态，并将这一状态称之为绵延（duration）。在柏格森的绵延理论中，认为过程可以在时间下进行分解，被分解的过程产生了其自身的"多样性"[⑤]。不仅如此，柏格森将过程分为"表象的过程"与"潜在的过程"两种

---

① 对怀特海过程哲学的观点，会在下一节中进行较为详细的介绍。
② 柏格森是怀特海著作中最常引述的哲学家，但是他具体是否对怀特海有影响却是学者间争议的话题。纳托普（Filmer S. C. Northrop）认怀特海深受柏格森的影响，他认为二人的主要不同在于柏格森认为科学中的"空间化（spatialization）"作用是错误的，怀特海则不以为然。因此怀特海虽然接受了柏格森的"过程"概念影响，但同时也主张空间是事实的具体成分。罗威认为怀特海受到柏格森影响的证据十分有限。怀特海热衷数学与经验认识论，这些都与柏格森无关。怀特海的"过程"思想受到科学的影响要大于哲学的影响，而柏格森的"过程"思想则更受到了达尔文的进化论影响，二者之间虽不必有因果先后的影响关系，但是对于同样的客体确实有不少接近的见解。
③ 詹姆斯认为"对象是不流逝的自然元素"（objects are elements in nature which do not pass）。
④ "摄入"最早出现在《自然的哲学》一书中，指的是主体对对象的连续性动作。"摄入"近似于柏拉图的"参与（participation）"，其具体形式涉及情感、意图、评价和建构，对象因为主体持续性的摄入转变成为事件。
⑤ 准确来说，柏格森的观点受到了物理学家波恩哈德·黎曼（Georg Friedrich Bernhard Riemann）的影响，黎曼认为有机体可以根据其大小和自变量确定多样性（diversity），因此定义了离散的多样性和连续的多样性两种有机体具有的多样性。离散多样性通过包含要素的多少来表示，而连续多样性无法通过自身表象进行度量，只能通过它对其他事物的作用力量才可以发现。

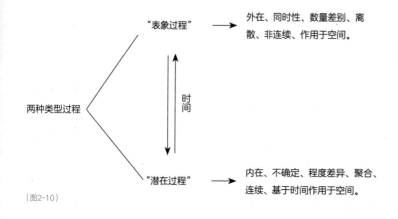

（图2-10）

类型（图2-10）。表象的过程具有是外在的、同时性的、数量差异等特征，是一种显而易见的变化。与表象的过程不同，潜在的过程是一种注重本质差异的内在过程，是一种潜在连续且无法还原的过程（Henri Bergson，1927）。大卫·格里芬（David Ray Griffin）认为："柏格森所定义的表象过程与潜在过程是一对相对的关系，二者在时间的延续下可以进行一定的转化"（David Ray Griffin，1999）。

3. 即时与目的：布洛赫的观点

恩斯特·布洛赫（Ernst Bloch）认为有机体运动产生的过程不是一种周期性的轮回，而是一种不确定的演进[①]。这种演进不仅产生量的积累，同时也产生了质的转变[②]。为了进一步阐释自己的观点，布洛赫引入了"尚未（not yet）"的哲学概念。"尚未"中的"未"并不等同于"无"，而是一种趋向。"尚未"将世界定义成为一个面向未来敞开的存在状态。"尚未"旨在最大程度吸收连续不断的类过程素材。而类过程素材由"即时参与"与"目的参与"两类构成，"即时参与"来自于现实世界的实时发生，具有随机性和非目的性，而"目的参与"则具有一定的指向性（图2-11）。作为过程哲学的另外一位代表人物，查尔斯·哈茨霍恩（Charies Hartshome）在他的著作《创造性综合和哲学方法》中写道："任何原因都不能保证结果的最终发生。结果总是要比原因'多'，而这个多来自于即时性与目的性的共同作用（Charies Hartshome，1987）"。

（图2-11）

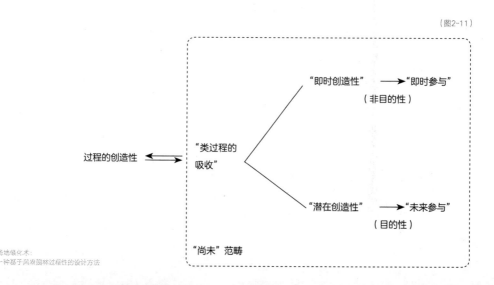

2.4.3　过程论下的风景园林图景

风景园林作为人与自然相互作用的复杂系统，其本身是一种半恒久、半确定的物质存在，并不存在脱离过程的风景园林。如果简单用非恒久论、超验论和还原论等非过程论作为认识风景园林的方法论，去构筑风景园林，那么无疑会忽略风景园林本体中变化和发展这一特殊属性。换句话说，过程论为认知风景园林提供了一个新的视角，在该视角下，会产生出对于风景园林新的认识论、方法论以及实践论。故本书在这里引入过程论作为对风景园林过程研究的哲学方法论[③]，从而能更好地诠释出风景园林过程的特征。过程论与非过程论从各自的观点出发，揭示了风景园林的存在方式，并建立各自不同的风景园林图景（表2-5）。需要说明的一点是，强调过程论并非完全忽视风景园林的物质存在，而是在承认其物质存在的同时以过程的视角去看待这种物质存在，以过程的方式构筑这种物质存在。

表2-5　　　　　　　　　　　　　　　　　　　　　　　　　　　　　　　　　　过程论与非过程论的图景

非过程论下的风景园林图景	过程论下的风景园林图景
（1）风景园林是由物质构成的，是可以被分割的	（1）风景园林由简单系统和复杂系统共同组成的，是一个不可分割的有机整体
（2）风景园林是确定的，不确定性是主体认知不足造成的，风景园林的发展服从确定性规律	（2）风景园林是不断变化的，是确定性与不确定性的统一体
（3）封闭性是系统的良好属性，开放性是系统的不良属性，封闭系统是科学研究对象的理想模型	（3）风景园林系统是开放的，开放性是系统的良好属性，开放性可以演化发展
（4）风景园林的功能边界是分明的	（4）风景园林的功能边界是模糊的
（5）风景园林是简单的，复杂性是由人的认知局限性产生的	（5）复杂性与简单性的统一

① "动态"（dynamic）源于古希腊语中"dynamics"，在古希腊语中，"dynamics"可以翻译为"事物进行改变和运动的能力（capability）和潜力（potential）"。在辞源中，将"动态"细分为以下基本的两种状态，"进行态"和"持续态"。这种每一次微小的动态变化都会产生一定的能力（capability）并最终形成改变发展变化的潜力（potential）。
② 布洛赫在这里所说的是一种过程创造观，过程创造观旨在保证未完结世界过程中"预先推定的权限"。如果"预先推定"（antization）属于物质的存在方式，那么目标内容尚未出现的根据就存在于发展中的物质本身中。过程性创造现实度是一种时间的作用，即在不受阻碍的进展中增加了物质存在的强度。物质存在强度的增加从一定程度上会削减"未来参与"的空间。
③ 方法论分为哲学方法论、一般科学方法论、具体科学方法论三种基本类型。哲学方法论是指人们改造世界以及认识世界的理论体系，受到了世界观的支配，是各类科学方法论的总结和概况。
（引自：刘建明，张明根．应用写作大百科．北京：中央民族大学出版社，1994：149页）

图2-10　表象过程与潜在过程的区别与联系
图2-11　过程中的即时性与目的性

2.5 风景园林过程的科学原理

过程是现实世界的复杂现象。经典科学所倡导的线性方法对这类系统性、复杂性现象很难进行准确的描述与解答，因此，需要引入系统科学对风景园林的过程进行认知。这一转变同时也意味着对于过程认知的逐步深入。在本节当中通过对系统论、协同论、耗散结构理论进行梳理与总结，建立起对风景园林过程认知的科学基础。

2.5.1 整体性与局部性：系统论的启示

美国生物学家贝塔朗菲（L. V. Bertalanffy）1940年前后提出了系统论，该理论从系统的角度揭示了事物之间相互联系、相互作用、相互依存的关系。系统论中的核心概念是"结构性""整体性"和"开放性"，其中整体性是最为根本的原则（傅博杰，2002）。

系统论带来两个方面的启示：

风景园林过程是整体的；系统内部矛盾的不断斗争和统一支配着系统宏观结构的变化，进而形成具有整体意义的过程。因此，需要以整体性的原则对风景园林过程进行认知。其次，整体的过程往往由局部间的相互作用引发而至，是从一个动态系统到另外一个动态系统、从一个动态平衡到另一个动态平衡状态的转变。也就是说，尽管风景园林过程是基于系统之间相互作用的综合现象，但是这一综合现象始于局部和微观，对系统进行有效的区分、拆解可以更好地控制风景园林过程这一整体变化。

其次，风景园林过程的整体性变化可以分为4个基本阶段（phase）（Kemp and Rotmans,2004）。这4个阶段分别指的是：①准备期（predevelopment）：过程转变处于自组织的演化状态，并不能形成较为系统的合力；②变化期（take off）：系统间的相互作用力逐步加强，并且开始建立新的系统关系；③加速期（acceleration）：在系统合力的作用下，系统发生结构性变化，形成积累和实现；④稳定期（stabilization）：变化速度相对降低，并且达到新的动态平衡状态（图2-12）。

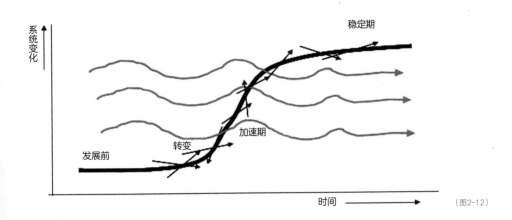

（图2-12）

场地微尺术：
一种基于风景园林过程性的设计方法

2.5.2 多解性：复杂性科学的启示

为了更好地把握系统的复杂性，生物学家西蒙（H. A. Simon）提出了多解性原理，该原理认为对于复杂问题的单一求解导致了方法本身的不合理。因此，西蒙认为对于复杂系统的认知不应当是唯一的解，而是一类集合，只要属于这一类集合都属于真实解。如西蒙所说："系统的复杂性决定了人类对它的认识总是有限的"，因此客观问题的解应当是一个集合而不是一个单独的点（图2-13）。风景园林设计实践是对场地中现有问题的直接回应，然而仅仅将现有问题进行单一性求解势必会造成对其他可能的抹杀。换句话说，风景园林在时间轴中的不断变化产生了其特有的复杂性，应对这一复杂性需要建立起多解性而非唯一性的策略与方法。

（图2-13）

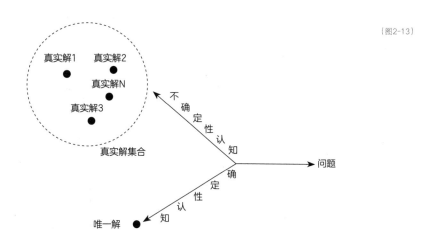

2.5.3 可控性：协同学的启示

协同学（synergetics）由德国科学家赫尔曼·哈肯（H. Haken）在激光理论的基础上，吸收了当代控制论、信息论的丰富营养，经过了探索、类比、归纳和提高而形成的一门学科[①]。协同学是研究系统演化规律的学科。该理论认为协同是一种联系，这种联系强调相互合作而非对立。也就是说，整体系统因其构成子系统的相互作用而在宏观和整体上具有了特定的结构或功能。这个过程中尽管子系统之间会呈现出一些差异，但是整体之间会形成步调较为一致的运动（Haken，1957）。

---

① 哈肯认为，协同学中的"协同"是自组织状态中的协同，并不是依靠外部组织和能量来进行基本的活动。而是来自于特定条件下的自组织运动，自组织运动与非自组织运动的区别在于"自组织"中的组织方式并非在特定指令状态下产生，而具有自由且变化的根本特性，根据不同的现实条件可以演化出形形色色的组织结构。

图2-12　风景园林过程的4个产生阶段
（图片来源：冯·贝塔朗菲，《复杂性与复杂性科学》，1987年）
图2-13　多解性认知的图解

协同学对我们有以下启示：尽管风景园林是一个复杂系统，但是可以通过控制这一复杂系统中的简单要素，从而实现系统间的相互协同。其次，对于复杂系统的控制，并不需要以一种面面俱到的方式去面对和处理所有影响系统变化的因素，而只需要对其主要的影响参量予以控制就可以间接控制整体的改变方向。

2.5.4　开放性：耗散结构理论的启示

布鲁塞尔自由大学普里戈金（I. Prigogine）教授在1967年第一次提出了"耗散结构（dissipative structure）"的概念，并于1969年"理论物理与生物学"的国际会议上针对非平衡统计物理学的发展提出了耗散结构理论。耗散结构理论认为系统本身是一种无序生长的非稳定性存在，处于非稳定状态下的系统通过与外界不断进行物质与能量的交换，转变成为相对有序而稳定的状态，这种新的有序结构称之为耗散结构。

普里戈金从是否具有开放性的角度将系统分为两种不同的类型：与环境没有物质能量交换的系统称之为封闭系统，这一系统包含着不变的元素，并不与外界环境发生能量的传递与交换。与之相反的是耗散结构，这一结构可以与外部环境不断进行能量与信息的输入和输出。耗散结构是一种自身处于较高的能量运动并且不断吐故纳新的"活"系统。风景园林作为一种与外界不断发生能量交换的系统，其自身是一个具有开放性的耗散结构，这一开放性保证了自身体系的存在和演变，也促使了过程的产生。因此，开放性是风景园林过程存在的必要条件之一。

2.6　风景园林过程的美学源头

2.6.1　现当代艺术的观念转向

贡布里奇（H. Gombrich）认为，当代西方美学与传统美学的决裂在于是否承认所谓的范式和本质。随着1960年代后现代美学的发展，"永恒主体"等经典美学词汇遭受到了极大的质疑。一些艺术家将关注重点从"整体与中心"转移至"局部"。这一转变颠覆了长久以来执着于美景的绘制，转而关注了艺术作品在时间维度中的原真性。古斯塔夫·西奥多·费希纳（Gustav Theodor Fechner）则认为"聚散"的美学将会替代"自上而下"的美学主张。无论是贡布里奇所说的"永恒范式的消失"还是费希纳所说的"自下而上"，都从一定程度上摒弃了传统美学中对永恒性和静止性的追求以及随之而带来的排他性，而肯定了一种基于时间与变化的美学倾向。这种倾向的美学不能从"形而上"中推导出来，却可以在过程之中发现。在本节接下来的3个小节当中，将对这一类型的美学体系和相关创作进行分析与研究，其中包括大地艺术、过程艺术与偶发艺术，这些不同类型的艺术实践在一定程度上影响到了基于风景园林过程的设计实践。

2.6.2 大地艺术（Earth Works）

大地艺术源自20世纪60年代末期，是西方后现代主义艺术的重要思想之一，大地艺术是指运用泥土、岩石、植物、风、水等自然材料在大地上创作关于人与自然关系的艺术，其创作直接从自然过程中产生（张健，1989）。大地艺术的形成主要经历了两次重要的展览。这其中包括1968年在纽约的"大地艺术（Earth Works）"以及1969年在波士顿的"土地、空气、火焰、水（Earth, Air, Fire, Water Exhibition）"。在这两次重要的展览中，大地艺术确立了以展现自然过程为特点的艺术创作方式[①]。

换句话说，大地艺术并不强调传统艺术创作中所强调的物质性以及实物化，而更专注于艺术品的发生与消亡。在罗伯特·莫里斯（Robert Morris）所发表的文章《反形式》（*Anti-Form*，1968）一文中，作者主张通过发现材料的潜在变化形成艺术作品新的可能，并认为杰克逊·波洛克（Jackson Pollock）的"滴流画（dripping）"以及莫里斯·路易斯的"浇筑画（pouring）"所呈现出的非终结性（open-ended）是其艺术作品保持鲜活的原因。《闪电原野》的作者沃尔特·德·玛利亚（Walter de Maria）认为："大地艺术家用材料创作的同时，还用时间来创作"。玛利亚这句话表明了在大地艺术创作中，对过程的关注是必不可少的，这也就意味着大地艺术的作品会根据其特有的外在条件而产生唯一的过程。可以说，大地艺术是当代过程美学话语体系中的一个重要分支。

由于大地艺术会选择室外的场地进行创作实践并强调作品本身的动态性与变化性，这些实践观点与方法都极大地影响到了当代的风景园林实践，其中以罗伯特·史密斯（Robert Smith）的艺术实践最为引人注目，在本书第4章中将通过案例分析进行重点介绍。

---

① 引自See Suzaan Boettger. "The Ground of Earthen Sculpture"In Suzaan Boettger ,Earthworks, Art and the Landscape of SiXties. Berkely:University of California press, 2002：24.

2.6.3 过程艺术（Process Art）

过程艺术活跃于20世纪60～70年代，这一类型实践的艺术家运用了不同的材料、方法和概念讨论了对于过程的表达。艺术家彼得·费茨利（PeterFischli）与大卫·维斯（DavidWeiss）最早提出过程艺术（process art）一词。在彼得·费茨利和大卫·维斯所制作的短片《万物必经之途》（*The Way Things Go*）当中，费茨利和维斯首先在一座废旧仓库里通过增加梯子、垃圾袋、轮胎、塑料桶、肥皂、汽油等设施将其改造成约100平方英尺的活动场地，并在此进行了短片的拍摄。短片的叙事由一个转动的垃圾袋触倒一根棍棒开始，利用物理和化学原理使场地内的物件像多米诺骨牌一样一个接一个相互传递，由此引发了一连串的事件，上一个事件被设计成下一事件的发起者。在这部短片中，所有物件的设计都依赖于过程而展开，从而产生了整体意义上的多米诺效应（艾米·卡佩拉，1988）。从这个案例中可以看到，过程艺术并不强调最终的结果，而是将艺术作品本身视为一个不断动态变化的过程。Julian Spalding认为过程艺术要建立一种人类业已缺失的、与自然相互一体的感应。尽管彼得·费茨利和大卫·维斯最早提出了过程艺术的这一概念，但在随后的艺术实践中，伊娃·海丝（Eva Hesse）和安迪·戈德沃兹（Andy Goldsworthy）被认为是过程艺术中最具影响力的艺术家。

过程艺术告诉我们，在风景园林实践中，将材料视为可变物而非永恒物可以发现材料自身更多的潜力与可能。

2.6.4 偶发艺术（Happening Art）

受到波普艺术的影响，20世纪60年代一批艺术家批判了传统艺术所追求的不变性与永恒性，而强调了艺术作品中的即时与随机。这一类型艺术实践被称之为偶发艺术（happening art），该领域的艺术家运用技术、素材和形形色色的媒介进行创作，使得艺术作品具有偶然性和短暂性的基本特点。艾伦·卡普诺（Allan Kaprow）被认为是偶发艺术的发起者，也是这一领域中最为重要的艺术家。卡普诺认为："偶发艺术是通过事件的介入，在不同的时间和地点进行艺术创造。"卡普诺毕业于哥伦比亚大学，在那里他跟随汉斯·霍夫曼（Hans Hofmann）和迈耶·夏皮尔（Meyer Schapiro）学习了绘画以及艺术史。卡普诺的第一个偶发艺术作品产生于1958年新泽西州的道格拉斯学院。他在同一年的西格尔农场做了第二个偶发艺术作品。偶发艺术这一概念第一次出现在1959他写的一篇名为《一些即将要的发生》（*Something to Take Place: A Happening*）的文章之中。同年，卡普诺在纽约的鲁本画廊中展出自己名为"18个偶发艺术"的个人展览[①]。

本雅明（Walter Benjamin）在20世纪20年代末讨论了艺术品与人的关系，并认为艺术品是否可以从原有的仪式和崇拜中解放出来是20世纪的艺术创作的核心问题之一。偶发艺术的实践与本雅明的观点具有一定的耦合性。卡普诺认为人为的介入是艺术作品的基本动力之一，并用游戏（play）一词定义了参与者与艺术作品之间的关系。游戏不仅消解了主客体之间的二元关系，同时也增加了艺术作品的随机性与不确定性。与卡普诺的观点类似，莫里斯（Robert

Morris）认为艺术创作需要塑造一种动态的机制，而不是所谓的风格限定。由于强调了动态变化，偶发艺术在一定程度上是一种"去风格化"的艺术实践。1966年卡普诺在文章（Un-artist）中明确了这一观点："如果一个艺术家想创作出杰出的作品，那么他应该避免成为任何艺术风格中的一种。"可以说，卡普诺的艺术创作并不强调恒久化与风格化，而是强调即时与随机，并通过适度的人为参与将这种不确定性和即时性转变成为一种大众可以感受和接受的艺术形式。其次，偶发艺术的实践创作并不完全依赖于场地中完备的物质要素，而是强调了非物质形态要素对空间建构的重要性，并通过这种非物质要素的介入形成空间的不断变化，换句话说，这一类型实践的核心是将非物质要素在原有物质空间的基础上进行延伸，从而形成空间的变化。

偶发艺术具有以下两点启示：首先，风景园林的过程并不完全依赖于场地自身的变化，适时地过引入人为参与同样可以形成场地的变化。其次，尽管人为的参与具有一定的不确定性，但是可以通过一定的设计活动将这种不确定性转变成为场地自身建构的动力。

---

① 原文：Kaprow's first public Happening took place at Douglass College, New Jersey, in1958, and he did another at the farm of sculptor George Segal the same year. The termfirst appeared in print in 1959 in an article he wrote for the Rutgers Anthologist, a subsection of which was called "Something to Take Place: A Happening." His "18 Happeningsin 6 Parts" took place in October 1959 at the Reuben Gallery in New York.He has had numerous solo exhibitions, and his paintings, collages, sculptures andassemblages are owned by important museums and private collections here and abroad.His Environments and Happenings have been set up and produced in many Americangalleries, museums and academic institutions, and in Amsterdam, Stockholm, Edinburghand Paris. Kaprow has published extensively, and he himself has been the subject of manystudies, the latest in Michael Kirby's Happenings book (E. P. Dutton, N. Y., 1965).（引自：rencet happenings,by Allen Kaprow, 112）.

8 7 6 5 4 3

第
3
章

风景园林过程的类型

3.1 两类风景园林过程

3.1.1 产生缘由

从自然和人工的角度对风景园林的构成进行划分是一种较为常见分类方式。正如里·贝克（A.Berque）在《风景的理由》（*Les Raisons du Paysage*）所说："风景园林是被不同元素影响下的变化，这些元素包括植物动物的生长、人为的交换与生产"。2000年在佛罗伦萨签订的《欧洲景观公约》（*La Convention Europeenne du Paysage*）中对风景园林这样解释道："风景园林是被其周边人群所感受和察觉的地域环境，起源于自然和人工二者之间的相互作用"。从上述观点可以看到，人工与自然是风景园林产生的两股源头，并由此产生了两种不同类型的风景园林过程。针对这两股不同的源头，麦克哈格在《设计结合自然》的第八章"发展过程和形式"中提出了两套系统的设计策略。一套遵循于自然规律，其核心在于设计自然（naturalisitic design），设计自然需要面对土壤的组成成分、水流的蒸发程度、物种组成的丰富度及数量变化趋势等自然科学问题。另外一套服务于人工的开发建设，其核心是设计场地（place based design）。

以上的诸多观点说明了风景园林过程产生于环境自发的演变和人为自觉的建构两种驱动力。因此，本文将风景园林过程区分为自然过程与建构过程两种类型，自然过程产生于风景园林的主动演变（self-change in nature），而建构过程则产生于主体（人）需求下的被动改变（change in external）。如果我们将字母A、B、C分别定义为风景园林过程、自然过程与建构过程，可以推演出以下基本公式：$A=f(C)+f(B)$。

3.1.2 存在关系

承认风景园林中存在两种过程并不意味着二者的绝对化和两极化，如前文所说，风景园林是由人工要素与自然要素相互联系、相互作用而产生的异质体。在通常情况下，两种类型的过程同时存在于同一场地之中。场地中自然与人工之间的图底关系决定了自然过程与建构过程二者之间的主次关系：在以自然要素为底、人工要素为图的场地之中，自然是场地变化的主要驱动力，自然过程占较为主导的作用；而在人工环境为底、自然环境为图的场地之中，人为的建构成为场地变化的主要驱动力，建构过程也因此占主导作用。也就是说，当我们将风景园林过程称之为自然过程或者建构过程时，意味着这类过程在风景园林系统中占有主导的作用，但并不意味着非主导过程不存在。

表3-1 两种过程的区别

类比因素	自然过程	建构过程
起源	（客体）风景园林自身变化	（主体）人的诉求
发生方式	主动生成	被动建构
主导驱动力	自然	人工
变化周期	长期而整体	短暂而局部

其次，这两类风景园林过程也存在着不同，自然过程与建构过程最为根本的区别在于起源、主动驱动力以及变化周期（表3-1）。风景园林自然要素的新陈代谢是自然过程产生的起源，而建构过程则起源于人的多种诉求；自然力和人工建构分别构成了影响两类过程的驱动力。如麦克哈格在《设计结合自然》中所说："尽管自然过程与人工诉求二者在空间上和时间上具有耦合性，但是总的来看，自然过程是整体的，人工诉求是局部的"（Ian McHarg，1970）。麦克哈格所说的整体与局部不仅是一种空间观，也是一种时间观。从麦克哈格的观点中不难看到，自然过程由于形成于自然要素之间的协调作用，其时间周期往往表现出长期性和整体性；而建构过程产生于人为的不确定诉求，往往具有短暂性和局部性。

3.2 自然过程

3.2.1 基本定义

风景园林在自身新陈代谢以及其他自然力的作用下，产生时间、空间两个维度的变化称为自然过程（process by nature），自然过程来自于非人工干预下的自然演变与进化，具有自演变、自组织、自适应3个基本特征。亚里士多德（Aristotle）最早承认了自然具有自我生成的能量[1]。除此之外，恩斯特·布洛赫（Ernst Bloch）在他的著作《唯物主义问题》一书中对于自然的能生作用有过详细的解释，他认为自然具有自我孕育和自我分娩的基本特征，因此是一种"能生的自然"（natura naturans）而不是一种"所产的自然"（natura naturate）。

---

[1] 亚里士多德进一步对"自然"进行了定义："所谓自然，就是一种由于自身而不是由于偶性地存在于事物之中的运动和静止的最初本原和原因"，其著作《物理学》中的第二卷中，将事物分为了"自然物"和"非自然物"两大类，自然物一个运动的本原，而非自然物则没有这样的变化的内在冲动。（引自：亚里士多德.物理学：Φυσικῆςἀκροάσεως．徐开来，译．北京：中国人民大学出版社，2003:265）

3.2.2 具体类型

表3-2 自然过程的类过程

类过程	现实对应
物种扩散过程	物种迁徙过程 物种转移过程
能量转换过程	碳循环转移过程 氮循环转移过程 磷循环转移过程
物种依存过程	群落演替过程 竞争、合作、共生过程
生命过程	生长周期过程
自然扰动过程	闪电、雷鸣、火山爆发等自然现象

广义上的自然过程涵盖了一切自然变化现象，本文所定义的风景园林自然过程存在于更为具体的空间范畴。对于自然过程的讨论涉及生物物理、微气候、小气候、植物生理等科学语境。自然过程具体来说包括了物种扩散过程、物种依存过程、生物迁徙过程、能量转换过程、扰动过程以及生命过程5个种类的过程（表3-2）。

1．物种扩散过程

物种扩散过程是指不同物种进行分化和迁移的过程，例如昆虫的迁飞、鸟类的迁徙、鱼虾的洄游等等，从扩散的形式上可以分为"有规律的扩散过程"与"无规律的扩散过程"两种类型。有规律的扩散过程指的是生物通过自身运动而进行扩散的行为，是一种生物自身的惯性表现，具有相对稳定的空间路径和时间周期。而无规律的物种扩散多形成于生物之间的相互侵入，这一过程通过4种主要的媒介物质进行传输，其中包括：风、水、飞行动物、地面可移动的植物（Hanski，1998），物种的扩散过程具有连锁性和连续性两个基本特征。

2．物种依存过程

风景园林场地中的物种之间存在竞争、寄生、共生三种基本关系，这种关系之间的演替和变化形成了物种依存过程（雷毅，2006）。依存过程可以进一步细分为群落演替过程、物种竞争过程、合作过程以及共生过程。依存过程强调了不同物种之间的平等性，构成了物种之间的平衡与协同发展。也正是因为如此，依存过程是实现风景园林生物多样性必要条件之一（A. Naess，1994）。

3．能量转换过程

风景园林构成要素之间通过化合作用而对能量进行转换的过程称为能量转移过程，能量转换过程主要包括了碳循环转移、氮循环转移、磷循环转移等。能量转换过程存在于两个尺度的层次当中：①生态系统层次：这一层次中的能量转换以构成系统的不同元素之间的相互作用的方式发生。②生物圈层次：这一层次的能量转换指的是能量在大气圈、水圈、岩石圈等不同生物圈层之间的相互转换，主要包括了：水循环、碳循环和氮循环。福尔曼（Forman）认为能量转换过程以传输（transmission）和运动（motion）两种种方式进行。传输指的是物质沿能量的梯度进行流动，而运动指的是能量通过自身的消耗从一处转移至另外一处（Forman，1996）。

4．自然扰动过程

自然扰动（disturbance）过程[①]是指风景园林系统受到外在自然扰动因子作用而发生的变化。自然扰动因子包括：火山爆发、闪电、雷鸣、重力等独立于系统之外并对系统产生作用的自然力[②]。扰动过程具有一定的偶然性和不确定性，存在于不同尺度的环境之中（Pickett，1985），这一现象较为直接地影响着风景园林的变化（Pickett and White，1985）。值得注意的是，来自自然力的扰动过程，其时间轴比其他类型的自然过程更为压缩[③]。

5．生命过程

相对于其他类型自然过程，生命过程并不强调系统间的作用，而是强调单个物种从存在到消失的变化，因此具有了一定的周期性和循环性。生命过程包括了单个物种生化状态的变化、内部器官的变化等（李姗，2012）。这一过程具有较强的独立性和不可逆性。需要说明的是，在没有干扰因子的影响下，生命过程是一个相对稳定的周期性变化，因而具有一定的可控制性。

3.2.3　内核

尽管不同的自然过程形成于不同的机制与条件，但也具有一定的共同的特质，其中包括自发生、自组织性以及自适应性。这些特质分别对应着自然过程中的不同现象（表3-3）。

表3-3   自然过程的内核及现实对应

内核	现实对应现象
自发生性	创生、生长、发育、衰老
自组织性	调整、聚集、整合
自适应性	更新、同化、抗干扰作用

① 扰动（disturbance）是自然界的普遍现象，是指对平静的中断，对正常过程的打扰或妨碍。生态系统由于不断有各种随机事件发生，正如克莱门斯所提出："即使最为稳定的系统也不完全处于平衡状态，凡是发生演替的地方都会受到一定程度的扰动"（Clements，1992）。广义的扰动包含了人为与自然两种作用力，本文这里所涉及的扰动过程仅含自然力下的扰动过程。（引自：陈效述．自然地理学原理．北京：高等教育出版社，2015）
② 广义的扰动包含了人为与自然两种作用力，本文这里所涉及的扰动过程仅含自然力下的扰动过程。
③ 引自：Yang, P. P. J.（2008）Tracking Sustainable Urban Forms and Material Flows in Singapore. In World Cities and Urban Form: Fragmented, Polycentric, Sustainable? Mike Jenks, Daniel Kozak and Pattaranan Takkanon, Routledge.

1. 自发生性

自然过程产生于自然力并遵循自然规律而变化，因此具有不依赖于人类的自发生性（spontaneous generate）。具体来说，自发生包括了创生、发育、生长以及衰老等现象。这一类现象存在于不同尺度的自然过程当中，小到植物细胞的分裂，大到城市公园中的群落生长（特洛尔，1941）。同时，自发生性也是自然过程存在的基础。

2. 自适应性

自适应（adaptability）是指生物机体受到外部作用力后，在一定时间内进行有利于自身生存延续的修复活动（苗东升，1990）。近代生物学中将自适应性定义为：生物机体通过调整自身行为、活动而达到与外界环境协调配合的能力。达尔文最早用生物机体通过自身进化从而协同环境变化这一现象解释了自适应性的特征。自然过程中的自适应性来自于风景园林体系本身具有的同化与调节机能。

3. 自组织性

自然过程产生于系统内部自然要素之间的多种组织活动，包括了物质交换、能量转换和信息交换，因而具有一定自组织性。自组织原本是生物学中的概念，随着复杂科学的发展，自组织被引入了系统科学，并形成了自组织理论[①]（Ludwig Von Bertalanffy，1948）。自组织中的"组织"一词既是名词又是动词，作为名词的组织是指有组织的系统；作为动词是指系统结构从无到有的形成过程，也包含了系统对抗外部扰动以维持自身结构有序的过程。自组织具有多种表现形式，包括：聚集、整合、演变等具体现象（H. Haken，1959）。

相对于自发生性与自适应性，自组织性强调了系统要素之间的相互协同。按照贝塔朗菲的观点，自组织性产生于系统内不同物质要素之间通过能量的交换而产生的动态平衡；当这种平衡被打破时，意味着自组织的重新发生。

3.3 建构过程

3.3.1 基本定义

林奇在《城市意象》（The Image of the City）的第一章"环境的意象"中认为："充满细枝末节的环境可能会阻碍新的活动的开展，一处每块石头背后都有故事的景观很难再去创造新的故事"。林奇指明了空间需要具有一定的弹性与自由度，这样的弹性和自由度因为容纳了不同主体的建构，从而使空间充满了生机与活力。可见，建构过程不仅是一种个体行为，这一行为也在优化和改进场地本身。

因此，主体②为了满足其自身的诉求，通过其行为和动作（action）作用于场地，使场地形成时间、空间两个维度的变化，这一过程称为主体建构过程（process by construct）。由于主体的构成、诉求、审美等多个诉求随时间变化，因此建构活动是一个不断发生的持续过程，建构过程强调了主体自身的能动性与持续性，因此克服了机械论和主观论。"建构"一词最早源于瑞士心理学家皮亚杰（Jean Piaget），指的是人在对周围事物认知过程中形成的一种演变机制。主体的活动对风景园林场地产生出干扰（disturbance）、改造（reform）与建构（construct）3个层面的改变。建构介于无目的性的"干扰"和定向性的"改造"之间（景贵和，1991）。需要说明的是，建构过程不存在于纯粹意义上的自然环境（nature environment）中，而是更多存在于自然环境向建成环境（built environment）逐渐过渡的中间环境（in between enviroment）。这一类中间环境并非是一种天然性的存在，而是随着开发、利用、建造等活动的进行逐渐纳入使用人群的视野当中的，这类环境的功能、形态、意义是被不断延展和扩充的。也正是因为如此，其环境处于被不断建构的状态。

3.3.2　产生动力

个体的日常性活动是建构过程产生的动力。日常性的活动指的是个体根据自身此时此刻的需求进行的相应活动（李霞，2005），相对于非日常性活动的指令性与给定性③，日常性活动具有能动和持续的基本特征，并且可以引发空间的变化（图3-1）。日常性活动作为一种动因可以有效地激发出空间的潜力，并使其转变为具有差异性的场所（汪原，2014）。将日常性活动作为一种空间转变的动力的观点最早出现在19世纪末至20世纪初的哲学与社会学领域，其中包括维特根斯坦（Ludwig Josef Johann Wittgenstein）的"生活形式（leben form）"理论以及列斐伏尔（Henri Lefebvre）的空间生产理论（衣俊卿，2005）。维特根斯坦提出的"生活形式（leben form）"理论认为空间的意义在于呈现出日常生活的真实内容。列斐伏尔则将缺乏日常性活动的纯粹物理空间称为"零度空间"④（Patrick Geddes，1967）。列斐伏尔所批判的零度空间具有以下3个特征：①空间被抽象为具体的功能化要素，这些要素按照一定的排列组合关系在不同的地点进行物理意义的重构；②这类空间产生于预设，却缺乏与参与主体之间的真实联系；③这类空间由于预先具有的完备性进而传达出一种简单性与非真实性。尽管不同哲学家与社会学家的角度不同，但他们的关注点都是现实的生活领域，并认为非日常性中所充斥的图像和符号是产生空间与人异化的主要原因。

---

① 自组织理论在系统科学中被演绎成为普利高津的耗散结构理论、哈肯的协同学以及巴克的自组织临界理论。
② "主体"在这里指的是风景园林的使用者而非风景园林师，风景园林师的作用在于更好地对接、协调使用者以及场地自身。
③ 迈克尔·索金（Michael Sorkin）在他所编著的《主题公园的变异》一书中，通过对非日常性活动的批判肯定了日常性活动的重要性："城市人群不断涌向大型的主体公园中，在这类貌似自由的公共空间当中，使用者的行为被一种给定的活动所操控，因而无法获得真正的自由，这也是造成公共空间衰败的主要原因"。（引自：汪原.日常公共空间——公共空间的终结与重生.新建筑，2014，（06）:32-35）
④ "零度"一词的概念源自文学批判，指的是一种"伪在场"的预设。

（图3-1）

　　哲学和社会学的转变直接影响到空间设计领域。1969年彼得·霍尔（Peter Hall）所提出的《无规划》（*Non-Plan*）最早在规划领域承认了日常性活动可以构筑出多重含义的城市空间。霍尔甚至认为废除现有的规划在一定程度上可以释放出空间所具有的潜力。在1953年的国际现代建筑协会（CIAM）大会上，十次小组（Team10）的成员史密斯夫妇提出了空间的形式应当可以适应和承载日常生活中不断变化的社会行为。活跃于20世纪70年代的国际情境主义（situationist international, 1957~1972年）[①]主张城市与生活不应当存在明确的功能界限，个体应当处于一种自由选择之中，并通过这种自由选择为自身创造更多的可能。准确来说，情境主义所提倡的活动是日常性的活动，空间需要最大限度地满足日常性活动中的偶然性和暂时性。在微观领域，1965年艺术家罗伯特·莫里斯（Robert Morris）通过对普通的圆木、泡沫塑料、废旧金属等日常性材料的选择与运用，揭示出普通大众的日常性活动可以转变为持续变化的艺术作品。由此可以看到，日常性活动是建构过程存在的动力，而建构过程则是日常性活动的结果（图3-2）。

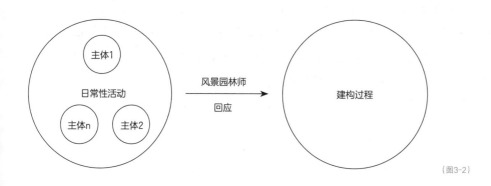

（图3-2）

3.3.3 具体类型

接受美学[②]（Receptional Aesthetic）认为，尽管艺术品的"文本[③]"由作者创作，但是文本只有被读者注入了自身的理解并且产生出新的语义之后，才能称之为完整意义的作品（王向峰，1987）。罗曼·英伽登（1893～1970年）也有相似的观点，英伽登在其著作《对文学艺术作品的认识》中认为，对于作品的解释需要分别从艺术极和审美极两个角度予以认知[④]。艺术极代表了创作者的创作，而审美极则代表了接受者自身对作品的自我实现。因此，文本并不等同于作品，作品是创作者与接受者之间的共同参与，这种参与随着现实条件的不同而产生出新的语意和变化（伊瑟尔，1974）。在风景园林学领域，詹姆斯·科纳用"流动大地（terra fluxus）"的观点阐明了在城市问题多元化与复杂化的后工业语境下，风景园林作为一种物质空间其自身的功能被不断重新定义和分解。因此，风景园林师的工作重点在于为场地的发展建立起框架（framework），框架的意义在于为之后的发展留有余地[⑤]。在这里科纳没有将风景园林视为可以一次性建成的空间，而是将其区分为框架与填充两个部分。科纳在这里所定义的"框架/填充"与接受美学中的"文本/填充"具有一定的相似性。换言之，风景园林师与使用者的关系与接受美学中作者与接受者的关系类似，前者的作用在于文本绘制，而后者的作用在于语义填充。可以说，"文本"与"填充"的关系可以很好地解释建构过程的发生原理。因此，构建过程可以分为"文本绘制"与"语义填充"两个部分（图3-3）。根据设计师与使用者承担的角色不同，可以将建构过程分为"文本主导"的建构过程与"填充主导"的建构过程。

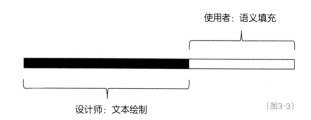

（图3-3）

---

① 情境主义成立于1957年，1957~1972年其活跃于世界文化舞台，并被后来的哈维、鲍德里亚等人不断赋予新的生命力。情景主义主张通过在空间的实践当中引入具体的情境，实现对日常性活动的解放。（引自：胡娟. 新巴比伦 基于日常生活的情境空间建构. 国际城市规划，2010（01）：77-81）
② 接受美学指的是20世纪60年代中期兴起的一种关于文艺阅读的美学和文学理论。创始人为尧斯、伊泽尔、普莱森丹茨、福尔曼、施特利德。接受美学反对文学本体论，明确提出接受意识决定了文学作品的价值和地位，并认为文学作品中有许多"意义不确定性"和"意义空白"，它们决定了作品的"召唤结构"，这是文学接受得以实现的关键。（引自：李淮春. 马克思主义哲学全书. 北京：中国人民大学出版社，1996：295）
③ "文本"一词源英文，对应词为text，来自西方接受美学，指的是文学作品与读者发生关系前的自在状态，文本完全由作者所创作。文本仅仅具有功能指向。（引自：王向峰. 文艺美学辞典. 辽宁大学出版社，1987：1404-1405）
④ 英伽登这一观点从一定程度上受到了胡塞尔（E.Edmund Husserl, 1859~1938年）现象学的影响。针对19世纪末理性主义的泛滥产生的形而上学，胡塞尔尝试将现象学作为一种科学研究的形式。（引自：（德）伊瑟尔著. 朱刚，谷婷婷，潘玉莎译. 怎样做理论作者.南京大学出版社，2008：39）
⑤ 引自：Elizabeth Mossop."Landscape of Infrastructure"Landscape Urbanism Reader[M]. New York: Princeton Architectural Press, 2006:163.

图3-1 两种风景园林过程的存在关系
图3-2 日常性活动与建构过程的关系
图3-3 "文本绘制"与"语义填充"的关系图解

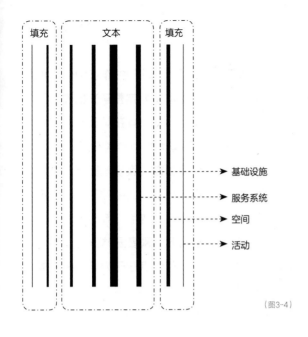

（图3-4）

风景园林作为一种多种要素相结合的物质空间体系，文本与填充在具体环境中也有不同的现实对应物（图3-4），从自身具有的职责来看，"本文"需要为"填充"提供物质支持与服务，因此"文本"的现实对应物为基础设施与服务系统，承担不同功能的文本之间相互嵌套形成了系统化的文本结构，文本结构由于其特有的物质性与先行性，因此可变化的程度较弱。文本结构具有以下两个作用：①将现有的物质能量进行整合与连接，使得原本孤立的单元成为彼此联系的结构。②文本还具有一定的包容性，可以包容动态系统中的填充结构从而适应未来的变化。

与文本不同，填充依托于文本并反作用于文本，其现实对应为主体的日常性活动以及相应产生的空间变化并形成了系统化的填充结构，相对于文本结构，填充结构具有较强的可变性。

1. 文本主导下的构建过程

"文本主导"意味着风景园林师的核心任务在于建立具有开放性的文本，使得文本自身可以最大限度地满足使用者日常性活动中的不确定性和暂时性，而文本的语义则由使用者自身进行填写。这一类的实践最早起源于情境主义（Situationism）的实践，在这类实践当中，设计师需要通过设计出可以容纳使用者的日常性活动的容器来实现建构过程（Michei de Certeau，1970）。其中最具代表性的作品为康斯坦特（Constant Nieuwenhuys）的"新巴比伦"（New Babylon）设计实验。"新巴比伦"面积约20～30hm²，是一个高于地面16m、由柱子支撑的巨型空间框架，这一框架可以根据自身的需求进行扩展与收缩（图3-5）。"新巴比伦"以一种随机和松散的组织策略对空间进行了组织，并将这种松散的组织策略延伸至了三维空间之中。在这里，设计师的工作仅仅为日常性的活动建立了开放性的文本，而具体的功能、形态则由使用者的日常性活动进行填充。

（图3-5）

（图3-6）

2．填充主导下的建构过程

在填充主导的下的建构过程中，使用者不仅仅扮演着对文本进行语义填充的作用，同时也是文本的绘制者。伯纳德·鲁道夫斯基（Bernard Rudofsdy）的著作《没有建筑师的建筑》（*Architecture Without Architects*）一书中论证了使用者仍然可以建造出具有特定含义的建筑与场地。鲁道夫斯基将这些建筑称之为"自发（spontaneous）建筑"和"无名（anonymous）建筑"。鲁道夫斯基认为自发建筑与无名建筑最大的特点在于建筑文本并不出自设计师的实践活动，而是由使用者自己根据此时此刻的功能需求与审美取向建造而成。并且认为大众自身建造的景观尽管在最初只是为了满足功能，然而随着外部条件的转变，这些建筑与景观往往具备了更深层次的含义。在西班牙南部城市塞维利亚（Sevilla），由于夏季空气较为炎热，这里的人们自中世纪起用白布自发搭建出用于遮风避雨的临时性遮盖物。这些处于功能性考虑而建造的遮盖物在实际当中远超出了遮蔽风雨的功能，而是形成了这一场所的可识别性（图3-6）。

图3-4　文本与填充的现实对应
图3-5　"新巴比伦"的文本构架
［图片来源：赛德勒（S. Sadler）*The Situationist City*《情境主义城市》，1999］
图3-6　使用者自行搭建的遮盖物

3.3.4 内核

1. 事件性

怀特海在《思想的著作》一书中认为事件是时空的关联物（space-time relate），在时间中表现出"前继后续"，在空间中则表现为"同时存在"。事件（event）是建构过程的最小组成单位，建构过程由不同的事件相互链接而逐渐形成。建构过程可以理解为"事件的连续结构"（the structure of the continuum of events）。事件性也是建构过程的内核之一。事件性具有连续和即时两个特点，连续指的是每一个单位事件在时间轴上，与前后左右之间的其他事件会存在相互交错的部分，也就是怀特海所定义的"延展覆盖（extending over）"。即时[1]指的是当下和现实，某个事件一旦发生，就有转变和过渡到另外一个事件的可能。

事件性保证了场地功能的可延展性。以纽约中央公园复兴为例，中央公园是人类历史上第一个现代公园。但是在1929～1930年的美国经济大萧条期间，很多无家可归者在中央公园内部搭建了零时性居住帐篷。有评论家认为此时的中央公园是"一片绿色的难民营"（克莱尔·马库斯，1999）。进入1970年代之后，尽管美国经济全面复苏，但此时的中央公园早已风光不再的。这一情况一直到1980年代才有所转变，在1981年9月19日中央公园上演了一场摇滚史上著名的音乐会，自此之后纽约中央公园承办了大大小小很多演唱会，使得中央公园的人气再一次提升到了顶点。不同类型的演唱会本质上是不同的事件，这些事件的不断介入，有效地改变了中央公园之前"绿色难民营"的窘境，使其焕发出新的活力（Simon and Garfunke，1981）。

2. 自发性

承认了日常性活动是建构过程的动力，意味着承认了建构过程中的自发性（spontaneous）。自发性产生于个体根据自身的条件与需要进行的活动。在《建筑模式语言》一书当中，亚历山大认为小规模的自发性活动是城市空间永葆活力的动力之一。自发性具有以下几个特征：首先，自发性的产生及作用，并不是立竿见影的，往往需要一定的时间周期（卢健松，2009）。其次，自发性活动往往由相同文化背景、风俗习惯的个体的自发性活动组成，因此会产生一种整体协同的现象（曾国屏，1996）。亚历山大用"诊断"和"协调"两个词定义了设计师及研究者对待自发性引起的相关活动的两种基本态度。也就是说，承认建构过程中的自发性并不意味着将自发性视作一种无规律和不可控现象，风景园林师可以通过观察场地中主要人群的自发性活动，从而更好地将建构过程转变成为一种空间组织手段。在法国风景园林师贝尔纳·拉絮斯（Bernard Lassus）的实践当中，经常通过激发使用者的自发性来构建空间。拉絮斯生于法国南部，毕业于弗朗卡斯泰丝艺术学校，早年曾跟随画家费尔南德·热莱（Fernand Leger）学习，1963～1967年拉絮斯执教于法国著名的凡尔赛高等园艺学院。受到萨特（Jean-Paul Sartre）和梅洛·庞蒂（Maurece Merleau-Ponty）[2]存在主义哲学的影响，拉絮斯认为艺术创作的含义只有通过艺术家与使用者进行共同创作式的交流之后才会呈现出来，他的大部分作品更为关注作品在时间维度上的社会功能，并主张风景园林师与使用者之间的关系是一种合作的关系，在这个合作中，受到即时、理性、自发无意识等多种因素的影响，而风景园林师是以一种引领者的姿态融入集体参与之中。1997年拉絮斯出版的著作《游戏》展示了他在不同类型的风景园林实践中，通过建立游戏的方式使使用者介入具体的实践中，在游戏的参与过程中，场地被不断改变，发掘出新的可能。这么做的意义使得参与者以一种更主动的姿态介入整个场所的构建之中。风景园林师则通过其特有的专业知识扮演着引导者与决定者的角色。拉絮斯提出了这样的观点："建筑基于对人类意志自由的肯定，确立了空间对时间的优先权，而风景园林通过其先天的自然意志与后天的人工介入，使其一直处于不断重塑与再生的过程之中，在这个不断显现出来的过程之中，自然总会打上人类曾生活过、参与过和工作过的新烙印"。

3. 不确定性

建构过程是主体基于自身需求的现实化过程，并最终以"连续决策"的形式来完成，由于受内在条件和外在条件变化的影响，建构过程也因此具不确定性（indeterminacy）。布鲁塞尔学派认为，人类的现实生活是一个不可逆的过程[③]（普利高津，1986），也就是说，建构过程的不确定性是由其自身的不可逆决定的。查尔斯·詹克斯（Charles Jencks）认为在全球化和城市化的背景下，空间呈现出一种片段式的存在，而传统城市中的形式和结构被逐渐肢解。显然，作为评论家的詹克斯以一种较为消极的态度看待了空间中的不确定性问题，并将其视为场所被不断解构的原因。与詹克斯的观点不同，一类学者以较为积极和乐观的态度看待过程中的不确定性，甚至将其视为空间不断被优化的动力。梅尔维·韦伯（Melvin Webber）认为当代城市中所发生的不确定活动形成了不断变化的景观结构，因此任何类型的空间实践不能仅以塑造静态空间作为唯一的标准，同时要去应对不断处于消解与变化的现象。1960年建筑电讯学派所设想的"即时城市"（instant city）是一个较为极端的案例。"即时城市"描述了可以用一种灵活拼装的构件进行城市重构，从而可以满足人们对空间不确定的需求。尽管呈现出一种较为激进的态度，但这一观点在风景园林领域中也有所延续。米歇尔·道森（Michel

---

① 怀特海界定了即时与瞬时的区别，他认为瞬时仅仅代表了时空维度中的一个物理瞬间，无法延展在时间的延续性中，而即时构成了一个时段中的延展，因此包含了时间的厚度（temporal thickness）。[引自：（英）怀特海. 过程与实在——宇宙论研究. 李步楼译. 北京：商务印书馆，2011]
② 梅洛·庞蒂将自己的哲学称为"知觉现象学"，他以存在主义观点分析画家的视看与思维之间的关系，通过评论塞尚等人的绘画，探讨了绘画的哲学和美学意义，阐述了他的存在主义美学的基本观点。存在主义美学贯穿着对人道主义的关注，对当代西方文艺产生了广泛的影响。荒诞派戏剧是存在主义文艺的新形式。
③ 过程的不可逆源自于热力学领域。热力学认为：如果一个过程在时间变换下不能保持不变，则认为过程与时间具有非对称性，也可以称为过程的不可逆性。过程的可逆性与不可逆性是描述过程客体的一对概念。如果一个过程在没有外界干预时只能顺着一个方向进行，而其相反的过程又不可能自发出现，则这个过程叫作不可逆过程。相反的过程是可逆过程（苗东升，1990）。

Desvigne）用"不确定的景观（intermediate landscape）"形容了被人类不断改变的城市景观，并认为这种不确定性存在于小到城市广场大到城市公园多个尺度的城市景观之中（Michel Desvigne，1998）。阿德里安·高伊策（Adriaan Geuze）在他2000年发表的文章《第二自然》（Second Nature）中提到："建筑师与工业设计师经常视其设计为一个最终天才的产品，其审美完全来自于他们自己智慧，但是如此这样的一个设计经常会因为最为细微的破坏而全面颠覆，风景园林师已经学会了将其设计放在远景（perspective）中来看，因为他们知道设计师需要不断适应和改变，学会视景观为无数力量和创造性的结果，而非一次错误的完成品（fait accompli）"。高伊策所描述的"远景"强调了一种时间轴中的不确定性，也正是因为这种不确定性产生了实践作品最终的创造性。

这是否意味着在城市综合资源的组织利用上，风景园林只是承担着呈现形式结果的角色，而无法参与城市综合资源组织的过程呢？弗兰普顿（Kenneth Frampton）在《走向批判地域主义》（Towards Critial Regionalism:Six Points for an Architecture of Resistance）中认为："景观可以成为一种控制土地变化的工具，以此来协调城市发展中的诸多问题。"从弗兰普顿的观点中可以看到，风景园林作为一种可以协调和解决土地问题的工具，其效用实现于过程之中。科纳则认为："面对快速城市化进程出现的多重危机时，风景园林的价值已经超越了作为简单的背景和功能较为单一的城市绿地，而是具有综合的城市发展的推动力"。

3.4 讨论：风景园林过程是否可以影响到设计实践？

过程作为风景园林的基本属性之一，可以很好地阐释出风景园林空间区别于其他类型空间的独特性。通过主动的设计实践可以对风景园林系统中本身所隐含的、内在的过程进行选择、显露和加强，从而产生出有多个维度的工具价值。这是否意味着过程作为一种客观存在的现象可以影响到具体的风景园林实践？是否意味着风景园林师可以通过对过程的发掘、引入、组织和创造，形成一种独特类型的空间组织手段？劳瑞·欧林（Laurie Olin）认为："风景园林设计的核心要素是注重过程、揭示过程以及利用过程（Laurie Olin，1998）。"欧林的观点揭示出一些风景园林师尝试将风景园林过程作为一种空间组织的手段，运用于不同尺度、不同类型的具体实践当中[①]。

为了更好地说明以上的设想与观点，本文接下来通过经典案例的解析，进一步说明风景园林过程是如何影响到具体的风景园林实践。东斯尔德（Oosterschelde Weir）堤坝景观设计是这一风景园林实践领域最为人熟知的设计案例，对后来同类型的风景园林实践产生了很大的影响，因此本书将其作为经典案例予以研究。已经有大量的相关资料介绍该案例，为研究提供了部分的基础材料，为进一步获取案例相关的一手资料，笔者对该案例进行了实地考察和调研。

3.5 案例解析：东斯尔德（Oosterschelde Weir）堤坝景观设计

3.5.1 背景介绍

东斯尔德堤坝位于荷兰西南部的赛兰德（Zeeland）地区，主要由岛屿组成。该地区北部接壤布拉班特，西侧靠海，南与比利时接壤，其省会为米德尔堡。赛兰德地区人口约38万，省域面积约2930km²。该地区处于多条河流的河口，因此是一个大三角洲。赛兰德地区几乎1/3的用地面积（1140km²）是水域，其余部分也大部分在水平面以下。1953年1月31日，北海洪水（North Sea flood of 1953）水平达到创纪录的高于海平面4.55m的高度，淹没了大量的土地（图3-7），海难造成了许多堤坝的严重受损，1835人丧生。超过75万居民受到不同程度的影响，5万英亩的土地被淹没，并最终导致了近15亿荷兰盾的损失。因此，当地市政局决定在近海岸海域建立堤坝以消除潮汐危害，堤坝的建立同时也使塞兰德海域转变为一个内海。堤坝的设计采用一种多价值取向的设计策略，旨在保护该地区免受自然危害的同时可以保持地区独特的潮汐环境（Bijker，2002）。区域的堤坝建设于1960年代中期启动，在整个建设周期中，由于荷兰政府对基础设施建设从20世纪六七十年代的"政府主导型"转变为80年代后的"政府与私有建设并举"，这一政策转变的目的在于借助民间资本来提高堤坝建设的效率。与此同时，对生态和环境的关注成为堤坝建设的另外一项重要的考核标准。这样的价值取向也为后来的堤坝景观设计奠定了良好的设计环境。

（图3-7）

---

① 生态一词的英文释义为"ecology"，"ecology"源于希腊语"oikos"，是指所有有机体相互之间以及它们与自身存在的生。

图3-7 东斯尔德地区海啸过后的场景

（图片来源：Dynamics and Vulnerability of Delta Systems）

3.5.2 案例描述

本案例中的东斯尔德（Oosterschelde Weir）堤坝于1980年开始建设，长约8km。在堤坝建成5年之后，主管堤坝景观设计的市政管委会邀请了荷兰West8事务所进行堤坝的景观设计。由于整个堤坝建设工程较大，当水坝建成之后，市政管委会没有多余的资金去清理大坝建造过程中留下的建筑废料（Weilacher，1999）。因此，管委会最初的设计任务书是对场地周边的建筑垃圾进行清理，并在此基础上进行填土改造，最终建设出一片以自然景象为特征的人工湿地。

West8事务所并没有对基地中存在的建筑废料进行常规意义上的"美化"处理，而是在其上方进行了砂石的平整，使其成为整体场地中的一片高地。这样做的好处有以下两个方面：首先，堤坝的道路为车行路，由于周围场地的垫高使得车在行驶的过程中可以更好地观赏抬高场地与海平面所形成的景象。其次，这样做最大限度地减少了建筑废料和垃圾的移挪，大大降低了整个项目的人工费用（Schroder，2001）。在先期考察基地周围条件的过程中，West8事务所发现了基地周围现存的两处海蚌养殖场。West8事务所将海蚌养殖场视为此项目的设计的一个突破口，通过对养殖场的蚌壳进行回收与分类，使其成为可以批量使用的建设材料之一。在具体的场地设计中，蚌壳被分为黑、白两种颜色，并以300mm的厚度拼贴成为50m×50m的黑白两色的地面条带（图3-8）。

蚌壳中的残留物不仅为此处的海鸥提供了食物，并为它们提供了一定的保护色，海鸥在地势较低的地方觅食，而其他海鸟则在白色贝壳区域筑起了巢穴，每当汽车经过此处时，都会看到两种颜色的海鸟从相应的条纹蚌壳中飞出，形成了一幅动态的画面（图3-9）。

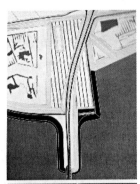

（图3-8）

（图3-9）

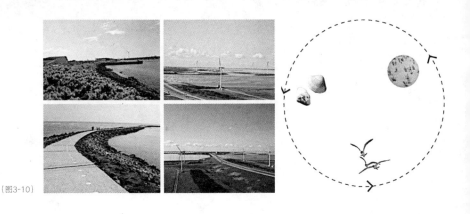

（图3-10）

　　东斯尔德堤坝景观建成至今已有20多年的历史，笔者在2014年5月对其进行了现场调研，在调研过程中发现，先前场地由黑、白两色蚌壳组成的图案在风化、潮汐等多种自然过程的作用下已经消失殆尽，当地市政管委会于2000年对场地进行重新的工程改造，在地势较高的地区种植了一定的灌木，而在接近海平面标高的场地中则铺设了一定的草坪。坦率来说，当下的自然形态与之前图案化的场景之间并不存在形态层面的延续性，然而，由于蚌壳的存在，吸引了不同类型海鸟至此，海鸟的到来又吸引了其他物种来此，如此通过自组织的方式建立了场所中的生态链，而生态链的存在为之后灌木树种和草坪等植物材料的引入和生长建立了一定的基础（图3-10）。

3.5.3　结论：风景园林过程与设计实践的密不可分

　　在东斯尔德堤坝景观设计的案例中可以看到，尽管该案例最初以一种图案化的人造景观（条带状的黑、白色贝壳色块）呈现，但这一人造景观并不是封闭的，它契合了海鸥的迁徙，而海鸥的迁徙又是下一个自然过程的开始，在这一动态的连接下，构成整体景观的所有子系统均进行了不断的自我重构，形成一个模糊有趣而又不断变化的空间。其产生的工具价值在这一重构中也被不断地扩大化和丰富化。不仅如此，这种在地性的取材与建造使得景观建设成本得到了最大程度的降低。可以看到，在这里风景园林师巧妙地将风景园林过程作为一种空间组织手段，在这一组织原则下，场地不仅为鸟类的活动、迁徙提供了所需的栖息地，也有效地利用了当地废弃材料，形成出生态、审美、经济、场所等多重价值。

　　将风景园林过程作为一种空间组织手段，最大的特征就是在常规的空间组织中增加了时间的因素，将风景园林还原为一种可以进行动态演化和自我调整的参照系，为风景园林师提供了一种开放的、差别的、不刻板的去阅读和思考场地的方式，从而强化并发掘场地的潜能。这一组织手段拓展了风景园林师的实践范围，将风景园林的设计操作从三维的空间维度拓展至四维的时间维度，风景园林师可以通过时间维度中的调整，获得重新协商、重新调整的和重新思考的可能机会。也正是因为如此，这一组织手段应对空间中的不确定性问题具有先天的优势。

图3-8　东斯尔德堤坝景观设计方案平面
（图片来源：王向荣、林箐，《西方当代景观设计理论与实践》，2002年）
图3-9　东斯尔德堤坝景观建成之初的效果
（图片来源：www.west8.nl）
图3-10　东斯尔德堤坝景观现状与自然过程图解（2014年）

8 7 6 5 4

第4章

基于风景园林过程的设计实践

风景园林的过程属性直接影响设计活动并由此形成特定的实践类型。通过对文献资料的查阅，虽然历史上并没有对这一类型的设计实践做出严格定义，但这一类型设计实践的价值取向、策略方法、技术手段长久以来却有着自身的独特性，并在不同历史语境、不同学科视角与不同实践目的下不断被重新定义和延展扩充。本章将通过历史研究，探寻这一类型实践的源头与发展，对这类设计实践的历史研究有助于对设计方法本身的适用范围进行限定，具有很强的现实意义。

4.1　实践溯源

4.1.1　背景：生态与艺术的分野

长久以来，风景园林总和诗画般的景象画上等号，"如画式"与"形式主义美学"是这一观点下的两种基本倾向[①]（曾繁仁，2011）。这一格局到了20世纪60年代有所转变，在这一时期，随着生物学、生态学、测量学、地理学等学科的大力发展，科学技术逐渐与传统的规划设计进行结合，这包括了：帕特里克·盖迪斯（Patrik Geddes）所倡导的人本主义的区域规划思想、本顿·麦克凯（Benton Mackay）在人类生态学中引入区域规划、阿尔多·利奥波德（Aldo Leopold）确立的土地伦理思想，这一系列工作使得环境规划理论的发展进入了一个高峰。在这一时代背景下，风景园林学也相应地扩展了自身的实践方法，当越来越多的风景园林师以生态学的方法去关注场地的复杂变化时，以传统静态美学对待场地的态度遭到了颠覆性的质疑。这其中以麦克哈格（Ian McHarg）在宾夕法尼亚大学所开展的工作最为显著，麦克哈格认为人类社会与自然环境是否可以和谐相处主要取决于人类社会对自然过程的适应，其著作《设计结合自然》（Design with Nature）为20世纪后半叶风景园林学科的学科分野奠定了一个风向标。在这本著作的第六章"大城市地区内的自然"中，麦克哈格建议将大城市未开发的地区保留作为城市开放空间，其具体的用途需要根据自然演进过程来选择。而在第八章"发展过程和形式"中，麦克哈格总结了他的适宜性理论（suitability approach）："任何一个地方都是历史发展过程和生物发展过程的总和，这些过程是动态的，它们组成了当下的社会价值，人类活动应尽量避免与这一系列过程发生冲突。"

客观来说，麦克哈格这种以生态学为基础、强调自然中心论的实践方法具有一定的局限性。自然中心论下的风景园林实践往往预设了"人与自然对立"的价值倾向，麦克哈格将自己放置于一个道德高地去批判现代城市化过程中的一系列问题，他甚至认为城市的发展仅仅制造了环境的垃圾、丑陋的商业环境以及缺乏灵魂的办公楼，并坚称自己的方法是规划和发展的唯一正确方式，在他不多的实践案例当中，最终的设计结果是由各种不同自然参数所决定的，也许正是因为如此，规划设计本身由于忽略了设计活动的主观性而往往显得缺乏创新（Jack Ahern，

2012）。同时，自然中心主义思想所引导的风景园林实践将研究对象从城市环境逐步转变为纯粹的自然环境，使得本学科在解决城市化问题的争论之中慢慢退至成为边缘的外围角色。

同样是在20世纪60年代，一些风景园林师并不认同"生态中心主义"所倡导的价值理念，仍然延续着千百年来的将风景园林设计看作一种艺术创作的态度，他们更为关注空间的创造、尺度的把握、材料的运用等基本设计问题。这一类风景园林师的主要代表人物为丹·凯利（Dan Kiley）、杰弗里·杰里科（Jeffrey Jericho）以及后来的彼德·沃克（Peter Walker）和劳瑞·欧林（Laurie D.Olin）等。受到现代主义的影响，这一类风景园林师建立了高度抽象的形式法则，风景园林中的基本构成元素，如：草坪、树、基础设施，被抽象成法则中的点线面关系。在丹·凯利和彼德·沃克的几个实践作品中都可以清晰地解读出这种基本法则，由于其构成要素具有图案层面上的异质性，因此相互之间存在了清晰的边界。

逐渐地，"生态中心主义"与"艺术创作主义"这两种倾向的风景园林师以实践对象的尺度作为了自身领地划分的标准，前者主要针对区域尺度，而后者则主要针对单独的场地尺度。学科的分化使得生态学、可持续发展、科学和保护与艺术、设计、空间与材料等知识体系无法完整地相互结合、相互作用，并最终导致风景园林学在城市研究中的无能为力（Elizabeth Mossop，2000）。

4.1.2　形成：生态与艺术的整合

进入1985年之后，受到大地艺术（earth works）、偶发艺术（happening art）、过程艺术（process art）等当代艺术的影响（图4-1，文后附彩图），一些风景园林师在美学与生态学之间找到了结合点，确切来说，这一结合点是通过将自然过程与动态美学相结合而产生的。美国当代风景园林师乔治·哈格里夫斯（George Hargreaves）是这一类型风景园林实践的代表人物[②]。在日本当代风景园林师长谷川浩己（Hiroki Hasegawa）1996年所编著的《过程：建

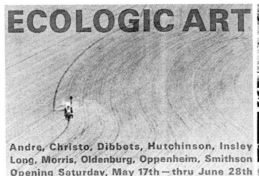

（图4-1）

---

① 对于"如画式"与"形式主义美学"主导的风景园林美学特征将在书中的6.1章节中进行具体的叙述。
② 本书的2.6节对过程美学的形成、发展进行详细的叙述。对哈格里夫斯的作品类型、实践特点会在5.2节中进行详细的描述。

图4-1　生态与艺术进行结合的思潮
（图片来源：Land Art，15页）

筑》（*Process:Architecture*）一书当中，汇集了哈格里夫斯的主要实践作品以及相关的评论文章，其中在《熵与景观》一文中，约翰·伯德斯利（Jhon Beardsley）认为哈格里夫斯是将自然过程与风景美学这二者进行连接的第一人，并称赞哈格里夫斯为"风景的诗人"。哈格里夫斯的实践是一种基于自然过程的风景园林实践，这一实践类型将审美对象从单一的静态的景象转变成为系统之间相互作用后的动态变化，换句话说，在该类型的设计活动下，人们的审美对象不再是单一静态的客体，而转变成为一种动态关系（dynamic relationship）的展示（图4-2）。在此之后，范·瓦肯伯格景观设计事务所（Michael Van Valkenburgh Associates）事务所、荷兰的West8事务所的实践作品中也展现出了这样的基本态度。将自然过程与艺术进行整合，是基于风景园林过程的设计实践的一种类型，同时也是基于风景园林过程型实践的起源，在整个实践话语体系中起到了不可忽视的作用。在这一类型的实践当中，自然系统不再以一种远离人类干扰的状态存在，而是为人工系统提供了动力，审美对象也从最初的静态画面转变成为动态关系。

（图4-2）

在理论领域，安妮·斯普林（Anne W.Spirn）1985年出版的著作《岩石花园》（*The Granite Garden*）和迈克尔·哈夫（Michael Hough）1989年出版的著作《城市与自然过程》（*Cities and Natural Process: A Basis for Sustainability*）都力图将生态学和城市设计的理论进行结合，从而将风景园林过程应用于更为复杂的城市领域，并创造出更具有现象学意义的生态系统。安妮·斯普林反对将人与自然二元割裂的考量，认为二者在某种程度上具有相互促进、相互协调的作用，强调了城市设计中空气、水、地质、植物和动物和谐共生的重要性，并提出了"场地深层结构"的理论。"场地深层结构"理论将风景园林系统定义为地质、水文和生物气候过程，而设计实践的核心问题是如何协调这些过程与人的活动之间的关系。

迈克尔·哈夫（Michael Hough）用一种更接近环境本质的城市视角，对风景园林过程在城市环境中发生如何的改变进行了讨论。与安妮·斯普林的观点类似，哈夫通过考察自然和人工过程之间的相互作用，揭示出在这两者之间的共存关系。在《城市与自然过程》的第一章"城市生态学：塑造城市的基础"中，哈夫认为传统的风景园林实践是一种静态的努力，这种努力一旦形成，目标就是去维持现状，而当将过程作为设计与维护（maintenance）的出发点后，会发挥出风景园林系统具有整合资源与持续发展的作用，而不是通过相互分离以及截然不同的行为来指导风景园林的发展。尽管没有做出完整的方法论和实践案例，但哈夫通过对纽约中央公园的功能演变分析，得出了风景园林的自然过程与城市经济、产业分布以及文化活动必然会产生相关性的联系等一系列结论。

4.2　体系的发展

4.2.1　从现象到策略：过程的语义拓展

20世纪末期，全球经济出现了前所未有的多样性与流动性，以较长周期为生产特征的福特主义（Fordism）遭遇到了前所未有的危机，而主张灵活增长和弹性积累的后福特主义（Post Fordism）逐渐成为时代发展的潮流。受到后福特主义的影响，现代主义所倡导的永久性、单一性遭到了质疑与批判，而如何在过程中通过灵活的组织方式，形成空间在结构、功能、形态多个层面的灵活转变成为讨论的重点。

罗伯特·克里尔（Rob Krier）在1987年发表的文章《建筑设计概要》中对于理性主义主导下的城市建设提出了以下的批判："当代城市和景观的困境是由强调单一的功能体验而导致的。"克里尔批判了基于理性和功能主义的城市设计，并认为这种源于福特主义的工作方法并不能解决动态发展的要求。此外，斯蒂文·霍尔（Steven Holl）的文章《持久性》（Duration）讨论了城市与建筑需要以一种延展和变化的姿态应对人类生活中的不确定性，而空间的可能性（spatial Possibility）则是满足这一需要的核心要素。

在这样的背景下，基于风景园林过程的实践类型也进行了语义的拓展。在2000年加拿大的当斯维尔公园（Downsview Park）竞赛当中，主办方明确提出参赛方的成果中不必提出空间设计的硬性图纸，但却要求参赛方对公园在时间轴的演变做出3个阶段15年的详细设计，其目的是希望公园与城市的发展保持最大程度的互相适应[1]。2001年的纽约清泉垃圾填埋场

---

① 当斯维尔公园作为本书的一个分析案例，将在随后的章节中予以更为深入的分析研究。

图4-2　基于风景园林过程实践的发展与起源

（Fresh Kills Landfill）竞赛当中，Field Operations景观设计事务所成为6个参赛团队的中标方案，在他们的概念方案——"生命景观"当中，为场地建立了一套周期长达30年的发展框架、这一框架在纵向上具体包括了：播种、基础设施构建、适应性调整3个步骤；在横向上，Field Operations设计团队对场地中的农业基础设施、植物生存等不同要素分别制定了具体的发展框架。这一发展框架承认了景观的过程，并强调了设计活动仅仅是一种干预过程的手段。

从上述的设计实践中可以看到，对于过程的讨论已经超越了风景园林本身所具有的自然属性，而是将其作为一种策略与技巧。由此可见，基于风景园林过程的设计实践的语义在近20年中被不断拓展。

4.2.2 从自然到城市：实践边界的模糊化

随着话语体系的拓展，基于风景园林过程的实践边界被逐渐模糊化。实践的物理边界不再仅仅拘泥于以植被生长、物种依存等过程为主导的自然场地中，而是更为关注风景园林在经济、文化、社会等多重因素作用下的解构与重构。正如阿妮塔·贝瑞斯贝塔（Anita Berrizbeitia）所说："当代风景园林学将学科的命题从自然拓展到了城市，这一转变将设计实践从原有的封闭体系当中解放出来，风景园林不再是自然的代言，而是容纳了城市中的市政基础设施、工业用地等多重连续表面，成为可以联结城市公共活动与基础设施的动态模型和弹性载体。与之相对应的，风景园林师也更为关注文化、社会、经济、功能等其他因素的作用"（Anita Berrizbeitia，2001）。实践边界模糊化意味着奥姆斯特德（Frederick Law Olmsted）所提出的"人工-自然"二元关系被解构（deconstruct）成为"混合了人工的自然"以及"混合了自然的人工"（city=park，park= city），自然与城市不再是一种对立的关系，而是一种相互作用、相互嵌套的混合体。

实践边界的拓展也带来了实践态度与方法的转变，正如乔治·德孔布（Georges Desceombers）在他2003年发表的文章《场所的改变》（Shifiting Sites）中所说的："风景园林在时间的尺度下不仅是作为展示时间流逝的媒介，更应该表现出未来潜在发展的影响力，而这种影响力则取决于风景园林自身对外部环境改变后的适应。"基于风景园林过程的设计实践不再追求一种乌托邦（utopia）[①]的景象构筑，而是转变成为一种异托邦[②]（heterotopia）的情景建构，这种建构将场地本身视为一个动态的发展，从而最大限度地与城市中地文化、功能、经济等多个动态要素相适应。

4.2.3 从表象到表述：实践倾向的多元化

语义的扩展与边界模糊使得这一类型的设计实践所面临的问题更为复杂化，其最终的结果是实践倾向的更加多元化。茱莉亚·泽妮克（Julia Czerniak）认为："在过去的10年中，由于全球化、城市化而来带来的问题日益复杂化，使基于风景园林过程的设计实践（prcess design）从原本的表象性（representational）转变为表述性（performative）"（Julia Czerniak，2008）。

"表象"与"表述"的差异在于"表象"强调了外在的现象，而"表述"是基于对多重即时性问题的回应。莫森·莫斯塔法（Mohsen Mostafav）在他2004年编著的《景观都市主义：操作手册》（*Landscape Urbanism:A Manual Machinic Landscape*）一书的序言中写道："后工业城市中所存在的发展不确定问题可以通过景观在时间尺度中的设计予以回应。"莫斯塔法所定义的不确定问题，包含了生态、文化、功能等多重问题，而非仅仅侧重于外在的形态[③]。

2006年8月，查尔斯·瓦尔德海姆（Charles Waldheim）在《景观都市主义读本》（*The Landscape Urbanism Reader*）中认为："当下的风景园林实践应当尽可能成为与不断变化的城市生活相适应的复杂系统，这一系统不但可以舒缓城市中的污染问题，并且可以适应扩散或紧缩产生的土地问题"。同年在澳大利亚悉尼召开了以"时间（time）"为主题的国际风景园林师联盟（IFLA）会议，大会的致辞中说道："过程是景观的生命，不仅时刻影响着植被和材料的变化，同时也产生出景观自身的生态属性和文化内涵"。

从上述的观点中不难看出，近年来基于风景园林过程的设计实践的倾向不再拘泥于审美关系的建立，而是从生态需求、功能演变、文化发展等多种因素出发，将这一类型的设计实践演绎得更为多元。正如詹姆斯·科纳所说："当代风景园林学的复兴要从3个方面展开，其中包括：文化的丰富性、功能的适应性以及生物的多样性"（James corner,1999）。"多元的实践倾向"将基于风景园林过程的设计实践推向了更为广阔的舞台。

4.3 何谓"基于风景园林过程的设计"？

4.3.1 定义

通过对已有文献的研究和归纳，可以将基于风景园林过程的设计定义为：通过对风景园林过程的发现、引入、吸纳、调节、组织、干预等具体手段从而实现预期目标的设计活动。

① 福柯在《物的秩序》中这样提道："乌托邦存在于一个幻想的、无忧虑的、能够在其中伸展的区域"。在乌托邦梦想驱动下，人们开辟了拥有巨大林荫道和雄伟壮丽的人造公园的城市。乌托邦的致命缺陷在于其拒绝了空间的开放性和变化性，因此封闭而独裁。（引自：戴维·哈维. 后现代的状况.北京：商务印书馆，2003:485）
② 福柯用"异托邦（heterotopia）"这一概念定义了那种由时空动态来创建的空间集合。空间异质并不简单地表现在延伸的维度上，同时也存在于时间维度。（引自：戴维·哈维. 后现代的状况. 北京：商务印书馆，2003:497）
③ 引自：Allen, S. (2009) Practice: Architecture Technique +Representation, Expanded Second Edition. Routledge.
Beers, D. V., Graedel, T. E. (2004) The Magnitude and Spatial Distribution of In-Use Zinc Stocks in Cape Town, South Africa, AJEAM-RAGEE,Vol 9: 18-36.

这里所指代的过程则包括了本书3.1节所提出的自然过程与建构过程。如果说风景园林过程作为一种现象，具有不以风景园林师主观意志转移的客观性（objectivity）的话，那么基于这一客观现象的设计活动[①]则具有一定的主观性（subjectivity），因此二者之间是一对现象与工具的关系。基于风景园林过程的设计不仅承认了风景园林的过程属性，并且承认了设计活动本身是一个有局限的、非完整的事实。基于风景园林过程的设计活动也可以理解成一种设计态度（attitude），这一态度通过发掘出风景园林在过程中所孕育的潜能从而实现设计活动本身的目标预设（preinstall）。

基于经验主义的风景园林设计实践，为风景园林的存在制定了一套机械化的目标秩序。芒福德认为这一类实践范式其根源是柏拉图所确立的先验理性，并做出了如下的批判："柏拉图是一个用模具去灌注生活的人，他用第一个模具灌注金子，用第二个模具灌注银子，但却不愿意将生活视为可以成长的种子，并为其成长预留出适当的空间"。从某种意义上来讲基于先验的风景园林师设计范式是一种反自然、反生态、反生长的方法论，这种方法论越是严密和整体，就越是给环境自身带来僵化与机械，与此同时，这种方法论过分夸大了人作为主体的主观能动，导致忽略了外在其他因素的能量。因此，基于风景园林过程的设计实践作为一种特定类型的设计方法，与前者区别存在于表4-1所示的5个方面。

表4-1 基于风景园林过程的设计与常规风景园林设计的区别

比较内容	基于先验设计实践	基于风景园林过程设计实践
对空间的态度	确定性	开放性
对时间的态度	漠视	以时间为线索
对自然的态度	人工与自然的二元化	人工与自然的模糊化
对人工建构的态度	一次性完成	未终结性
建造方式	常规建造	灵活可变、具有适应性

（1）重视风景园林系统在时间下的变化。如果说风景园林设计的核心是协调人与自然的关系，那么基于风景园林过程的设计是在时间推移中不断协调人与自然的关系。

（2）将风景园林空间理解为一个并不有终结意义的开放的系统，并由此构筑出空间的丰富性。

（3）重视风景园林自然系统自身产生的能量，并试图将这种能量引入人工系统，因而在一定程度上模糊了自然与人工二者的界限。

（4）承认了主体诉求在时间因素下的不确定性，这也意味着设计活动的长期性。

（5）在建造方式上，需要以灵活可变的适应性策略更好地适应发展中的不确定性。

4.3.2 廓清

本书所提出的"基于风景园林过程的设计（design based on process in landscape）"，

并非"设计风景园林过程（design process in landscape）"，也不是"设计活动的过程（process in design）"。前者的目的在于通过特定的设计活动构建出场地中并不存在的风景园林过程；而后两者指代了设计活动中本身所包含的过程，如决策过程、分析过程等等，并非本书所要讨论的范畴。

本书所讨论的"基于风景园林过程的设计"，首先承认了风景园林具有过程属性，这一属性会直接地影响、制约并激发风景园林师的设计活动。基于风景园林过程的设计并不仅仅包括构建出场地中并不存在的风景园林过程，而更多是通过创造、判断、选择、保留、引入、吸纳等特定的方法与技巧对场地中显性或隐性的风景园林过程进行组织与再组织，从而实现特定场地下的特定设计目标。换言之，在这一类型的设计实践中，场地中的风景园林过程是设计活动的手段与条件，而不仅是设计活动的最终目的（图4-3）。因此，从一定程度上来说"基于风景园林过程的设计"包含了"设计风景园林过程"。

值得一提的是，由于风景园林过程具有自组织、自演变、自适应等多种特征，作为手段和条件的"风景园林过程"与"最终设计目的"之间并不是一种线性对应的关系，其最终设计结果往往会带来一种大于预期目的的随机性（stochastic）与偶然性（contingency）。

（图4-3）

① 在《建筑经济大辞典》中，将"设计"一词定义为："设计是指为了达到某一特定的目的，从构思到建立一个切实可行的实施方案，并用明确的手段表示出来的具体行为。"本文中的"设计"并不局限于传统意义上对于形式、空间、功能的预设与构想，也包含了分析、建造、实施等一系列创造性活动。（引自：黄汉江. 建筑经济大辞典. 上海社会科学院出版社，31）

图4-3　基于风景园林过程设计实践中的目的与手段

第 4 章
基于风景园林过程的设计实践

8 7 6 5

第5章

场地催化术之『自然催化』

本书第3章节将风景园林过程区分为"自然过程"与"建构过程"
两种类型，并对这两种基本类型的风景园林过程的定义、区别、子类
型进行了详细的阐述。在本章则对基于自然过程的风景园林设计实践
进行范式研究，通过对三个不尺度、不同场地条件的案例进行解析，
提出"自然催化"的核心方法，并从形态、建造和材料三个环节论述
该方法的应用规则。

5.1 自然过程与风景园林实践

自然过程产生于场地中各类自然要素的自发活动，但这并不意味着设计实践的无所作为，
相反，通过有效的设计策略，可以将一些存在于场地中却相对隐性的自然过程转变成具有实际
意义的条件与手段。这一设计实践将风景园林视为具有自我生存、自我适应、自我新陈代谢的
自组织系统，并通过对物种扩散过程、物种依存过程、能量转移过程、生命过程以及扰动过程[①]
的调节与组织，实现预期的设计目标。换言之，在这一类设计实践中，风景园林师通过自身的
设计活动对场地中所包含的自然过程进行联系与组织，并重新作用于场地自身（图5-1）。

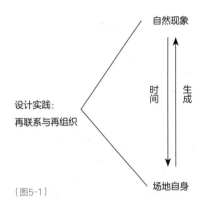

(图5-1)

5.2 案例解析

5.2.1 螺旋形防波堤（Spiral Jetty）景观设计

1. 背景介绍

罗伯特·史密斯（Robert Smithson）是大地艺术领域最为杰出的艺术家。史密斯不仅是一

位艺术家，同时也自学了地质学、化学、人类学与艺术评论学等其他学科，并且将这些知识融入了艺术的实践创作之中（张健，2012）。在具体的实践当中，史密斯运用了可以自我分解的自然材料进行创作[②]。为了加快自然材料的自我分解，史密斯往往会借助于较为极端的自然条件，如潮汐、重力等等，并通过与其他学科的共同合作来进行创作实践。史密斯在1972年所发表的文章《一种毁灭性的原始壮观》（*A Devastating Kind of Primordial Grandeur*）一文中，探讨了设计师与其他专业学科共同工作的模式，这一模式中设计师的职责在于通过自身的审美经验去判断景观在过程中的发展趋势，而生态学家、地质学家需要对这一趋势提出技术上的可能性。史密斯所创建的这一模式的核心在于更好地掌握材料的分解与演变，从而使得场地获得更为独特的"艺术经验"。

螺旋形防波堤是史密斯在1970年创作的作品，该作品作为一个里程碑清晰地阐释了基于自然过程的风景园林设计实践的态度、观点、策略以及建造。该项目位于美国犹他州布里格姆（Brigham）西30英里处盐湖东北部的岸边（图5-2，文后附彩图）。受到湖水径流、降水以及盐类的溶解度不同等因素的影响，项目所在地的湖水盐分过高（含盐量为27%），在湖水中生长过量的耐盐细菌和藻类改变了水体的颜色使

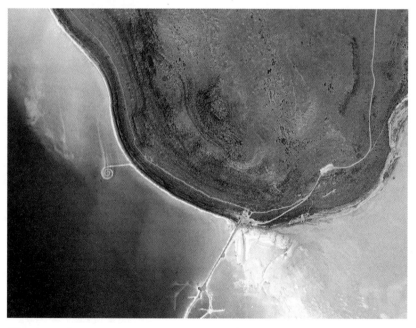

（图5-2）

---

① 在本书的4.2.2节中对生成过程下的不同类过程进行了详细的解释与描述。
② 这里所说的自然材料不仅包括了植被、土壤等天然材料，同时也包括了可以在较短时间周期内可分解的非天然材料。

图5-1　自然过程与设计实践的关系
图5-2　螺旋形防波堤的平面
（图片来源：http://Found on southsiders-mc.blogspot.com）

其成为红色，当地政府特地设置了堤道将此处湖水与其他淡水进行了隔离①。史密斯于1970年以每年100美元的租金租用了面积约4hm²的岸边用地，租期为20年。来自纽约的弗吉尼亚道恩画廊（Virginia Dwan Gallery of New York）为防波堤项目提供了9000美元的建设费用。史密斯为防波堤亲自绘制了海报并展示于弗吉尼亚道恩画廊之中。史密斯在海报中并没有强调出单独的景象，而是采用一系列的无等级差别的图片作为海报的叙事体，这些图片描述了防波堤在时间轴上的变化关系，却没有最终的形态特征（图5-3）。这张海报也传达出史密斯是在创造一个不断自我生成、自我演化的过程而非一个固定的结果。由于防波堤所处区位较为偏远，为了进一步宣传该设计作品，史密斯使用了多种媒体的力量对此项目进行报道，其中包括著名的摄影师安弗兰克·乔治尼（Gianfranco Gorgoni）为防波堤所拍摄的一组摄影作品，以及史密斯自己出版的12分钟电影，史密斯用电影记录下防波堤在时间和空间中的变化，并且加入了大量电影的剪辑方式，如大量的声音与图像的蒙太奇（montage）、画面的动态处理等技巧。其目的都是为了表达出作品处于持续变化这一状态（Michael Lailach，2007）。

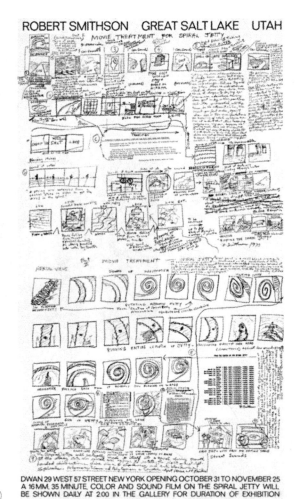

2．案例描述

螺旋形防波堤的建造周期总长6天，螺旋形的形体是由"填"与"挖"两个步骤完成的，史密斯租用了两个卸货卡车、一辆拖拉机以及一个装载机，首先将淤泥从海滩用前端装载机舀起，然后用卡车运走；之后通过人工和器械将重达6.5t的黑色玄武岩、石灰岩、白色盐类晶体、淤泥混合物倒进了红色的盐湖中，形成了4.6m宽的螺旋状堤坝。堤坝的宽度可以容纳2~3人在此并肩行走，堤坝的中心距离岸边约46m远（图5-4）。尽管几乎没有人看到过堤坝的实际景象，但由于史密斯精心记录的过程照片以及媒体的不断报到，使得该作品成为大地艺术作品中的一座里程碑。

2008年，犹他州政府宣布将从距离防波堤约5英里的区域进行勘探石油，由于勘探可能会对防波堤造成一定的毁坏甚至拆除，因此这次勘探收到了将近3000封的电子邮件表示反对。2011年6月以来，防波堤已经属于犹他州州政府所有。在这之前防波堤被纽约迪亚艺术基金会租赁（Dia Art Foundation of New York）。

3．方法读解

正如金·莱文（Kim Levin）所说："防波堤外部本来坚硬、粗糙、难以驾驭的部分在自然的过程中发生了根本的改变，随着时间的变化而逐步改变，自然的形式早已注入了艺术。"防波堤在自然力作用下产生了两个过程：尺度的物理变化过程以及材料的化学变化过程。

尽管防波堤有明确的物理尺寸，但由于盐湖的水位变化，防波堤浮现于水平面的部分由此产生了大小的变化。具体来说，当雨水洪峰时，堤坝浮现于水位之上的部分是缩小的，而当湖水的水位下降时这一部分则会相应变大。在防波堤建造好最初的两年内，由于干旱导致湖水水位变低，防波堤近一半暴露在空气当中，2002年夏天的干旱使得湖水水位降到了历史最低，防波堤因此完全暴露了将近一年。2005年春天，湖泊水位再次上升，并且淹没了整个防波堤。也就是说水位的下降与升起引起了防波堤自身的物理尺寸变化。

（图5-4）

---

① 原文引自：Hammer，U.T.Sa line lake ecosystems of the world [M].Dordrecht:Dr.W.Junk Pub lishers，1986，1- 152.

图5-3　螺旋防波堤的海报
[图片来源：费吉尼亚·德文（Virginia Dwan）Dwan Gallery，New York，1970]
图5-4　不同时间段和不同角度的螺旋形防波堤
（图片来源：http://www.robertsmithson.com）

由于淤泥和岩石材料之间并没有采用配筋等加固措施，堤坝不可避免地出现了局部开裂。这些开裂为日后盐分侵入形成的化学反应创造了可能。在潮汐力作用下，湖水侵蚀堤坝开裂的部分并由此产生了盐晶体与藻类的化学作用，而这化学作用从一定程度上改变了防波堤的外观，使其表面被白色的晶体盐所覆盖，堤坝周围的红色湖水也在盐分侵蚀的作用下变为粉红色（Robert Smithson，1965）。

5.2.2 哈格里夫斯（George Hargreaves）的相关实践

1. 背景简介

哈格里夫斯作为这一类型实践的代表人物，在他的不同尺度、不同功能的很多作品中都可以看到对自然过程的创造和引入。其中较为典型的作品为烛台文化公园（Candlestick Point Cultural Park）、拜斯比公园（Byxbee Park）以及哥德鲁普河道公园（Guadalupe River Park）。现有文献对这些案例已经做了详细的介绍，本书在这里对并不针对单个案例重新进行赘述，而是从已有的案例中进行相关的总结，从而进一步探明哈格里夫斯作品中的设计方法。

当代风景园林师这一职业起源于美国，美国由于其相对较短的国家历史，使得风景园林师在实践中更具有实验精神，而不像欧洲的风景园林实践中需要面对传统的金科玉律（王向荣，2001）。乔治·哈格里夫斯（George Hargreaves）就是在这样的环境中成长起来的。1969年哈格里夫斯发表了论文《思想的沉淀》（*Sedimentation of Mind*），在这篇文章中他认为只有通过艺术的手段才可以激发出自然系统独特的魅力。哈格里夫斯在他30岁时于旧金山创建了自己的事务所，至今为止事务所已经接连获得过11次ASLA奖[①]。

2. 方法读解

哈格里夫斯用"与自然共振（resonant with natural）"一词概括了自己对过程与场地的理解。在他看来，场地的形态、特征并不是设计师主观意志的体现，而是与自然过程的融合。长谷川浩己认为，哈格里夫斯的作品之所以被认为富有诗意，并不是因为他是模仿自然的形态，而在于他作品的形态往往是由自然过程生成的（natural, but not nature-looking）。通过不同案例的对比分析，可以看到在他的实践当中过程与形态具有以下两种关系：

（1）形态源自过程：哈格里夫斯只是勾勒出不同功能场地的轮廓，具体的美学细节通过自然要素的生成去实现。因此，在植物材料的选择上，哈格里夫斯往往选择抗旱草种以及可以自播繁衍的地被花卉，从而更好地实现其设计目的。不仅如此，哈格里夫斯拒绝对植物材料进行后期的养护，拜斯比公园（Byxbee Park）与哥德鲁普河道公园（Guadalupe River Park）甚至都没有植物浇灌系统。当然这样做也有其负面性。由于过于依赖植物材料的生长与演变，导致公园在建成期初往往不具备良好的形态，这一点在干旱季节更为明显。尽管哈格里夫斯自己也承认大众对基于过程的审美并不十分接受，但是他仍然坚持拒绝对自己设计的公园进行后期的种植养护。

（2）形态服务于过程：在哈格里夫斯很多实践作品中，景观形态是服务于过程的。在哥德鲁普河道公园的种植设计中，哈格里夫斯选择了形态差异较强的地被植物，这一策略的目的在于通过差异化的对比尽可能地显露出植物本身的变化，从而增强了过程的显现。而在拜比斯公园中，地形的方向与场地中盛行风的方向近似垂直的关系，这一策略让人们更为直观地感受到场地中特有的风过程，地形也因此扮演着对风过程叙述的作用。为了强化出山腰上自然草地与相邻沼泽中的草地的差异性，哈格里夫斯特意将山腰的草地设计为金黄色的草种，而沼泽地则运用了常年为绿色的草种（图5-5），其目的也在于让人们可以更直观地感受到公园的变化（Peter Rowe，1992）。哈格里夫斯认为风、雾、光线、波浪等扰动过程[②]是场地中的真实要素，这些扰动过程不仅可以建立起场地的真实性，甚至可以创造出一种"惊奇的"体验。在烛台文化公园（Candlestick Culture Park）[③]中，哈格里夫斯顺应场地盛行风的方向设置了两条延伸至岸边的步行甬道，这两条甬道在海水高涨时可以引导海水进入场地（图5-6，文后附彩图）。由此可见，哈格里夫斯所建立的景观形态具有展现（reveal）过程的作用。

（图5-5）

① 作为美国最高级别的风景园林奖项，美国风景园林师协会奖（American Society of Landscape Architects Awards,简称ASLA奖）在20世纪70年代逐渐成熟起来。该奖项奖励在设计、规划和分析、信息传播4个方面有卓越表现的风景园林作品。评奖分3个等级：主席奖为最高奖，其次为荣誉奖和优秀奖。半个世纪来，ASLA奖站在职业的高度支持创新，奖励优秀，鼓励业内的思想交流，促进了美国风景园林行业的发展。尤其值得称道的是它在社会发展的大背景下，不断调整评奖标准，引导美国乃至世界风景园林向现代化、多元化、可持续的方向发展。（引自：http://www.baidu.com/）
② 在本书的4.2节中较为详细地描述了扰动过程的特征。
③ 该公园位于美国旧金山的市郊区，该公园的前身是一个被建筑垃圾填埋的人工半岛。（引自：《西方现代景观设计的理论与实践》，第257页）

图5-5　拜斯比公园中的不同草种的分布
［图片来源：迈克尔·莱拉克（Michael Lailach），*Land Art*《大地艺术》］

（图5-6）

5.2.3 "演变花园（Movement Garden）"景观设计

1．背景简介

  雪铁龙公园（Parc Andre Citroen）作为西方当代风景园林的经典案例之一，关于它的具体信息有大量的文献资料，本书在此不予以赘述，而是针对其中的"演变花园（Movment Garden）"进行研究。"演变花园"位于雪铁龙公园东南角，占地面积约10000m^2（图5-7，文后附彩图）。"演变花园"是由法国著名风景园林师吉尔·克莱芒（Gilles Clément）主持设计而成，其于1967年毕业于凡尔赛国家高等风景园林学院（Ecole Nationale Supérieure du Paysage de）。凡尔赛高等风景园林学院作为法国历史最为久远的风景园林高等院校，

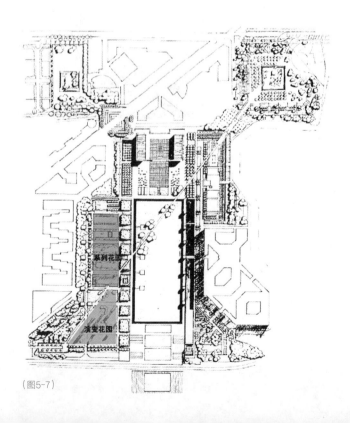

场地碳化末：
一种基于风景园林过程性的设计方法

（图5-7）

在教学体系环节中设置了大量与生态学、植物学、土壤学、物候学、观赏园艺学相关的自然科学课程，目的在于培养风景园林师对不同尺度的自然环境以及对植物、水文、土壤等风景园林设计要素的基本掌握。学院也同时建立了风景园林与生物多样性、风景园林与现代农业、风景园林植物遗传学、风景园林与植物生理学等5个研究单位。这样的教学体系在当时的背景下具有一定的先锋性（安建国，2011）。从克莱芒后来的实践作品中也可以看到凡尔赛高等风景园林学院教育的影响。《动态花园》（la Jardin en Mouvement）是克莱芒在1990年通过对自身实践的总结编著的一部理论著作，这一著作对法国当代风景园林实践产生了很大影响（朱建宁，2003）。雪铁龙公园中的"演变花园"是《动态花园》设计理念最好的诠释案例（图5-8）。

2．方法读解

克莱芒在演变花园中分别加入了小型鼠尾草（位于蓝园）、岩石（位于绿园）等材料，意图在于让这6个花园的景象在"演变花园"中均可以充分展现，如果说6个系列花园所创造的是一种相对静止的景象，那么"演变花园"则是这6个静态景象的动态融合（Gilles Clément，1990）。

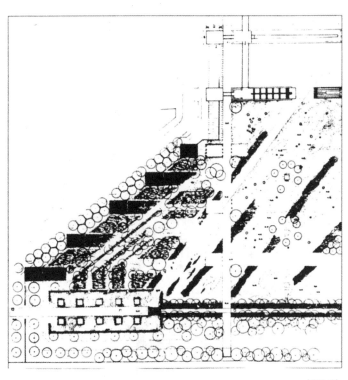

（图5-8）

图5-6　烛台文化公园中的甬道
（图片来源：王向荣、林箐，《西方现代景观设计的理论与实践》，2002）
图5-7　演变花园与6个系列花园在公园中的位置
[图片来源：迈克尔·里哈（Michael Riha），Site Description《场所叙事》，2004]
图5-8　演变花园的平面
[图片来源：吉尔·克莱芒（Gilles Clement），La Jardin en Mouvement《运动花园》]

在具体的设计中，演变花园遵循了"最少干预"的设计策略，其原理是借助植物种类之间的成长、斗争、运动、互补，形成一套较为稳定的动态系统，风景园林师通过对植物材料的移除、增加等差异化全周期管理，从而改变花园演变的趋势和方向[①]。克莱芒对植物材料的选择并非仅仅考虑其单独的外观，而在于将这几种植物形成一个共生的系统，这一共生系统使植物材料在后期的生长中可以不断产生出变化的景象。因此，克莱芒尝试运用广玉兰、栎树、金缕梅、茶条槭等在法国传统风景园林设计中并不常见的植物（图5-9），搭建出了相互依存的生态链。建成后的花园呈现出一种与传统风景园林美学相悖的美学倾向，场地中原有的野草甚至也被纳入了整体景观系统当中。

"演变花园"尽管是一个尺度较小的花园，但是风景园林师并没有将此花园处理成为一个纯粹的审美对象，而是尝试着将人的活动作为花园演变的另一个驱动力。花园在最开始建成时并没有建造园路、休息广场、坐凳等活动设施。当系统较为稳定后，通过引入使用者的日常性使用，使得花园逐渐具有了休憩、活动等功能（图5-10）。可以说，花园的功能是由参与者不停地使用而逐步形成的[②]。

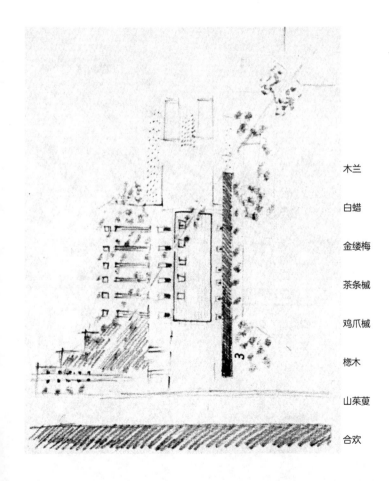

木兰

白蜡

金缕梅

茶条槭

鸡爪槭

楸木

山茱萸

合欢

（图5-9）

（图5-10）

5.2.4　观察与思考

1. 思考之一：类型的匮乏

通过对上述3个案例的读解，不难发现在这一类型的实践当中，人与环境更多形成了一种"审美主体（人）-审美客体（风景园林）"的关系而不是"活动主体（人）-活动类型（功能）-活动背景（风景园林）"的关系。也就是说，风景园林的功能是居于次要地位甚至是被忽视的。风景园林作为人居环境的一部分，是人类将自身活动对外部环境进行"意义化"的结果。"意义化"是一种多维度、多方面的综合考量，而不是纯粹的艺术创作。这一实践类型的艺术家和风景园林师对于风景园林过程的认知仅停留在现象层面，从而导致了作品中功能的匮乏。其次，在该类型的实践中，风景园林师更多是通过对单一自然过程（如潮汐过程、风力过程等）的引入、改变和设计来实现自身的设计意图。本书认为过程是风景园林受到自然、社会等诸多外力相互作用下而产生的时间、空间维度的变化。风景园林过程的价值并不仅限于审美活动，其价值存在于生态、经济、文化等多个层面。仅仅关注审美是对过程的一种简单化认知，这一简单化认知在一定程度上局限了风景园林过程的价值。

---

① The name Garden in Motion originates in the physical migration of vegetal species within a given area, which the gardener interprets at will. Flowers which germinate on a path force the gardener to decide between maintaining the flowers or the path. The Garden in Motion recommends maintaining those species that decide where they wish to grow.〔Gilles Clément, Le Jardin en mouvement, Paris, Pandora, 1991〕
② Toujours selon Louisa Jones, le jardin en mouvement s'inscrit par ailleurs dans le projet défendu par Gilles Clément d'« écologie humaniste ». Le paysagiste affirme lui-même dès 1998 : « Cette expérience (dans le jardin de la Vallée) a duré huit ans, au terme desquels j'ai réalisé qu'il s'agissait d'une nouvelle forme de jardinage mais aussi d'une théorie visant à redéfinir la place de l'homme dans la nature11 ».Son œuvre postérieure développe une réflexion à portée philosophique, qui, centrée sur le rôle du jardinier par rapport à la biodiversité, s'est prolongée dans les concepts de jardin planétaire et de Tiers paysage. La théorie du jardin en mouvement se rattache donc, de ce point de vue,l'écologie politique(Gilles Clément, Le Jardin en mouvement : de la vallée au champ via le parc André-Citroën et le jardin planétaire, Paris, Sens et Tonka, 2007)

图5-9　演变花园的构思草图与主要植物素材
〔图片来源：吉尔·克莱芒（Gilles Clement），*La Jardin en Mouvement*《运动花园》〕
图5-10　演变花园中由人行走而形成的园路
（图片来源：郭湧）

2．思考之二：区位与尺度的局限

这一类型的实践的本质是通过对过程进行抽取、挤压进而将其转变成为一种新的艺术表现。因此，设计师往往会选择自然力条件较为极端的区位作为实现这种艺术表现的场所，如海边、风口等。这样的条件使得设计师可以获得更为充足的自然驱动力，过程也可以在较小的空间和较短的时间内得以彰显。然而这一选择同时也导致了该类型的实践往往会选择在远离城市的区位条件下进行从而无法纳入城市生活之中。尽管史密斯曾经说过："螺旋形防波堤的创作意义在于探索人与自然相互作用的过程"，但因为防波堤所在区位较为偏远不便于人们的日常性使用，更像是一个远离日常生活的艺术品而不是普遍意义上的城市空间。基于自然过程的风景园林实践同时也受到空间尺度的限制，作品大多数为尺度较小的花园甚至是更小的装置，即便在尺度相对较大的风景园林作品中，承载自然过程的载体也往往是整个公园中的一个局部。雪铁龙"演变花园"的面积10000m²，只占到整个公园总面积的1/45。螺旋形防波堤的总用地面积虽然为4hm²，但实际可以使用的面积不足总面积的1/5。尽管哈格里夫斯的相关实践作品具有较大的尺度，但是承载自然过程的局部空间也只占其中的一小部分。

3．思考之三："自然催化"的提出

通过上述3个案例我们可以看到，风景园林师对于过程的控制并非是一种大而全的控制，而是通过对局部变化因子的控制而实现对整体的控制，并由此实现最终的设计目标，这种控制是通过改变系统反应的速度和强度来实现的。

这一点在演变花园的案例中尤为显现，在该案例当中克莱芒并没有对场地中所有的种植材料予以控制，而是通过对主要的6种植物的引入并对其进行定期的观察和养护而实现对整个种植群落生长过程的控制。因此，这6种植物在整个演变过程中扮演着一种催化的角色，催化不仅启动了整个群落的演变，也同时改变了演变的速率。风景园林师可以根据场地中实际的条件，选择不同的元素作为催化。哈格里夫斯的实践当中，则将风、重力、潮汐力等自然要素转变为催化。在东斯尔德大坝的景观设计当中，West8事务所通过黑、白色贝壳的使用，吸引了海鸟的到来并由此引发了场地的变化，贝壳作为催化启动了整个过程的开始。因此，基于自然过程的风景园林实践的核心策略可以归纳为"自然催化"。在接下来的章节中将对于这一策略进行具体的叙述。

5.3 "自然催化"的释义

5.3.1 何谓"自然催化"?

"催化（catalyst）"一词最早源于化学，指的是可以促进事物变化的媒介，催化的原理是通过引入、激发一个新的元素从而刺激和控制整个系统。催化作为一种特定的方法，被广泛应用于化学、生态学、管理学等多个领域（胡与中，2012）。韦恩·奥图（Wayne Atton）将城市设计视为城市空间演变的一种催化，并在其著作《美国都市建筑—城市设计的催化》一书中构建了"城市催化"的概念。本书所提出的"自然催化（landscape catalyst）"从一定程度上借鉴了韦恩·奥图的"城市催化"概念。

自然催化的基本原理如下：风景园林师通过对特定元素的引入，使得场地中原本自发存在的自然过程依照风景园林师的预期目标协同变化。这一元素可以是有形的元素，如特定的植物、动物、昆虫等，也可以是无形的元素，如重力、潮汐、风等。催化的目的在于通过启动风景园林过程以及调节风景园林过程变化速率建立起场地自然过程之间的联系，并由此引起一系列的联动反应（图5-11）。可以说，自然催化策略是一个以点带面、盘活整体的策略，催化反应的步骤数决定了催化本身的复杂性与可控性。自然催化将场地读解为多种潜在的生物秩序的载体，通过启动及联系这些不同的生物秩序，交织、叠加出常规风景园林设计无法涵盖的作用与意义。

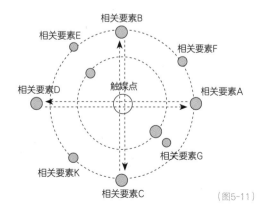

（图5-11）

图5-11 自然催化的原理图示

自然催化希望通过借助于主体以外的力量，达成一种生态的秩序，这一秩序借助于环境中所有的系统，强调不同系统之间的协同合作，这种协同合作所展现的结果并非是外在的一致，却通过彼此之间的生长、竞争、渗透、连接，形成一种内在的共生机制。自然催化需要依托于场地现有的自然要素、材料要素以及人为要素，因此自然催化也是对场地资源的组织和整合，这种组织方式通过对场地摄入最小剂量的物质能量，使得其他未被利用的资源得以被激活，被激活的资源群落同时也极大地活跃和丰富了人与自然之间关系，使其从原本索取与被索取的关系转变成为一种共同的演进。从现实来讲，自然催化通过将场地中的风景园林过程进行组织化和协同化，从而以最小的能耗获得经济、社会和生态收益，并最终实现多个层面的可持续发展。

　　自然催化具有"连接"与"摄入"两个核心作用：

　　（1）连接：通过特定元素的引入，形成不同的自然过程之间的相互关联与相互作用，从而形成一种整体意义上的协同演进。这一过程将场地当中客观存在但却相互独立的自然过程进行结构化和组织化，并最终形成一个为设计目标所服务的完整动态系统，是一个已有动态变化的连接。

　　（2）摄入：将场地中自发存在的自然过程转变为服务于风景园林师特定设计目标的条件，被引入的元素往往自身存在一定的能量，通过催化的过程将这一能量摄入整体的系统之中，从而使得系统内部的能量得以协同，形成整体的能量的合力，因此可以说自然催化本身也是一个能量摄入的过程。

5.3.2　两种倾向

1. 启动催化

　　旨在通过特定动态元素的引入，引发场地中的自然过程，在过程当中，引入元素本身的变化往往是形成场地整体协同变化的第一步（图5-12），风景园林师因此往往需要为场地摄入更为充足的能量。同时，作为启动的变化需要以较快的速度完成，从而实现能量在下一级的传递。在哈格里夫斯的烛台文化公园（Candlestick Culture Park）中，有意识地将场地中的海风作为启动催化引入场地之中，海风的作用力使得场地周围的海水在涨潮时流入场地中预先设计好的甬道。而在螺旋形防波堤的景观设计当中，史密斯则将场地中的潮汐力作为形成自然过程的启动催化，受到这一能量的摄入，螺旋形防波堤形成了上下浮动，而浮动本身又加剧了盐晶体与耐盐细菌和藻类产生的化学反应，使防波堤的表面逐渐被白色的晶体盐所覆盖，而周围的红色湖水也逐渐变为粉红色，形成了整体的演进变化（图5-13）。

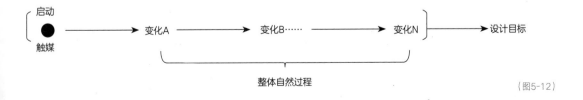

（图5-12）

(图5-13)

2. 调节催化

旨在通过特定元素的引入或干预，来改变整体自然过程的反应速度，使其更有效地服务于整体设计目标。场地在调节催化介入之前已经呈现出了自更新和自维持的趋势，调节催化的作用是对这一系列的自更新、自维持进行整合与加速，换言之，调节催化往往出现在整体自然过程变化的中间步骤。除此之外，其作为调节自然过程的元素并非是一个固定的选择，风景园林师需要针对自身的设计目标以及整体自然过程的趋势进行不断的选择与引入，从而实现对结果以及速率的控制（图5-14）。例如在演变花园的设计案例中，设计师克莱芒针对花园不断变化的生长趋势，在不同时间阶段不断加入不同的地被植物作为调节整体花园变化的催化，并由此形成一套较为稳定的共生系统。

(图5-14)

图5-12 启动催化的原理
图5-13 由启动催化引发的湖水变化
（图片来源：http://Found on southsiders-mc.blogspot.com）
图5-14 调节催化的原理

5.4 "自然催化"的实现路径

在接下来的章节中，笔者将通过讨论形态、建造、材料之间的关系而建立起自然催化策略的实现路径。需要说明的是，问题之间的边界是相互开放的，例如在讨论建造时会或多或少会谈到材料与形态等其他问题域，而在讨论材料的过程中也会涉及形态与建造。

5.4.1 形态特征

在自然催化策略下的风景园林实践，在设计形态中往往具有半确定性及局部性两个特征。

1. 半确定性（sem-idefiniteness）

无论是螺旋形防波堤还是演变花园，作品在建成初始具有较为明确的形态特征，然而这一形态并不是静止不变的，而是随时间可以演变出新的可能。因此呈现出一种"半确定性"。承认和发展形态中的半确定性也是自然催化策略中的基本设计态度，这一态度同样具有实际意义。正如波德莱尔（Charles Pierre Baudelaire）所说："形态的意义在于激发环境与人产生互动的可能，这种激发可以理解成将情景融入空间的加速变迁"。首先，半确定性的形态将风景园林转变成主体可以感知的对象[①]；其次，半确定性的景观形态尽管在初始阶段属于某种特定的审美范畴[②]，却并不墨守于这一范畴。半确定性的形态并不仅仅来自风景园林师的主观构想，也来自风景园林自身由内而外的生长，正如麦克哈格所说："景观的形式不是业余艺术爱好者的一个偏好，而是关系到所有生命体的生长问题"（Ian McHarg，1970）。

2. 局部性（partial）

这里的"整体"与"局部"不仅指代了体积的大小之分，更指代了时间的先后之分。局部性首先承认了外在形态的动态变化，并强调这种变化是从局部发生进而逐步转移至整体。协同学（Synergetics）[③]认为，整体是由许多个局部系统构成的，二者之间具有相互作用的可能。换句话说，整体过程是由若干个局部过程协调而形成的，外部形态的变化也是从局部发生然后进一步作用于整体。具体来说，"局部-整体"策略包含了以下3种可能（图5-15）：

（1）"局部成为整体"：局部通过一系列的化学反应形成整体。例如，在史密斯的很多作品中，运用了化学原理使得局部到整体可以进行演变。而高兹沃斯（Andy Goldsworthy）的"渗透性（osmosis）"表达了同样的原理。

（2）"局部作用于整体"：尽管局部的变化较为直接地影响到了整体的形态，但是二者之间是一种物理层面的增加与减少，并不生成出新的物质，因此可以进行周期性还原，在螺旋形防波堤的案例当中，防波堤的局部变化产生了整体景观的"起-落"的变化。

（3）"局部脱离于整体"：局部的变化并不对整体产生作用。这一关系常见于尺度较大、功能较为复杂的风景园林设计实践中，在这类实践中风景园林师为了实现更为复杂的功能，变

场地续化术：
——一种基于风景园林过程性的设计方法

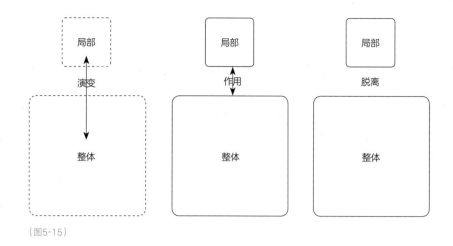

（图5-15）

化往往展现在整体场地的局部。例如哈格里夫斯所设计的烛台文化公园中的潮汐流动，局部的变化只是限制在长约500m的浅坑之中。

5.4.2　建造原则

建造包括对材料形式、结构、尺度、纹理等多方面的选择以及实施、维护等具体营建活动。正如爱德华·艾伦（Edward Allen）在《建筑细部：功能、可构造和美学》（*Architectural Detailing*: *Function,* *Constructability, Aesthetics*）一书中所说："任何美妙的片段都是建造（construction）的显现"。风景园林实践作为一种物质性的建构，建造具有决定性作用，建造也是风景园林师的主观设想与现实物质世界之间的一座桥梁。与常规的建造活动不同，"与自然相伴"和"从局部开始"是自然催化中的两种建造原则。

---

① 亦称审美对象，具有审美属性，能够引起人的审美感情，使人获得审美享受的可供观照的具体形象。审美客体相对于审美主体而言，它与作为审美主体的人构成一种审美关系。只有当审美主体不是从科学的或伦理的意义上和对象发生关系，而是从审美的意义上去达到对其形象的感知和美的本质的把握时，对象才作为审美客体而存在。同时，作为审美对象，也要求它必须具有具体可感的形象，具有能够引发主体美感活动的审美价值。（引自：朱先树，吕进，阿红. 诗歌美学辞典. 成都：四川辞书出版社. 1989: 275-276）
② 审美范畴在这里指的是不同的艺术风格，如很多艺术评论家认为哈格里夫斯和史密斯更多地受到了极简主义和禅宗艺术的影响。
③ 协同，或者叫协作、合作现象、协同作用，是协同学最为基本的概念。辩证法认为事物之间的联系可以分为"对立"与"统一"两种最为基本的状态，协同也是一种联系，这种联系更加强调相互合作而非相互对立。协同学（synergetics）是德国科学家赫尔曼·哈肯（Haken H.）在激光理论的基础上，吸收了当代控制论、信息论的丰富营养，经过了探索、类比、归纳和提高而形成的一门学科。[引自：（德）赫尔曼·哈肯. 协同学. 上海译文出版社]

图5-15　形态中局部与整体的三种关系

第5章
语境催化术之"自然催化"

1. 与自然相伴

长久以来，受到维特鲁威所提出的"使用、兼顾、美观"建造原则的影响，风景园林师往往将环境中的自然因子视为建造的对立面。耐久性、抗腐蚀性、防变形、防腐蚀等问题进而成为建造活动中首要考虑的问题。维特鲁威所主张的是一种对抗时间的原则，这一原则强调了永恒而非变化，因此会导致一种机械性（陈洁萍，2011）。17世纪建筑理论家克劳德佩罗（Perrault Claude）在其著作《论自然》中认为建造活动不仅可以传达出"恒久之美"，也可以传达出随时间变化的"任意之美"，并由此动摇了维特鲁威将建造恒久化的观点。不同于其他类型的建造活动，风景园林大多数位于室外，会与自然环境中的阳光、风、雪、水分等因子发生较为直接的接触，这也就意味着建造成果与环境中的其他要素时时刻刻都发生着作用，在时间的作用下，这种相互作用是持续不间断的，也由此会更易于产生出佩罗所提到的"任意之美"。因此，"与自然相伴"是自然催化策略在建造环节中的原则之一，这一原则承认了环境对建造成果的持久作用，并主动地为这种作用留有产生的空间。

2. 从局部开始

在常规的风景园林实践当中，从概念性的方案设计（conceptual design）开始，然后再到具体的建造是较为普遍的工作方式。这一工作方式从整体设计概念开始，并通过对场地形式、空间尺度等一系列问题的回答，最终在建造阶段项目得以完结。这一工作方式强调了组织与协作的渐进性，对问题的解决是逐步缩小并且逐渐深入的。自然催化的策略却是一种与之不同的工作方法，在这一工作方法中，建造往往是设计最初的切入点，并最终影响到整体方案。换句话说，设计的进行往往是从较小尺度逐步扩展到较大尺度，是从局部延伸至整体的（图5-16）。

"从局部开始"的建造原则顺应了形态倾向中的局部性特征，这也是将"从局部开始"作为建造原则的原因。弗兰普顿认为，建造的意义不止于现实化的思考，也是对空间的一种优化和调和（顾大庆，2006）。"从局部开始"的建造原则强调了建造本身并不是一次性完成的，而是可以根据场地中不断变化的自然条件对尚未实现的空间进行现实化的调和，因而更能体现出建造所具有的调和作用。

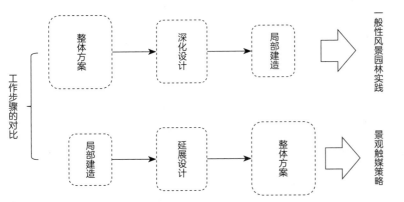

（图5-16）

5.4.3　材料体系

在常规的风景园林实践当中，材料分为人工材料与非人工材料。非人工材料指的是植物、动物、水、土壤等自然存在物；人工材料指的是通过二次加工而形成的材料，包括混凝土、砖、金属、砂石、玻璃等。在自然催化的策略中，根据材料所具有的变化属性，可将其分为恒久材料和演变材料两种类型（图5-17）。在自然界中并不存在纯粹的恒久，这里所讨论的恒久材料和演变材料只是一个相对的概念。具体来说，演变材料是指在相同的时间单位内，材料本身在颜色、质感、体积等属性上呈现出较为剧烈的变化，这一变化可以是物理意义上的膨胀与缩小，也可以是化学意义上的分解；而恒久材料则相对持久稳定。二者的区别不仅由材料自身的物理属性决定，同时还取决于风景园林师实际的设计诉求[①]。两种材料在具体实践中具有不同的分工，恒久材料为半确定性景观的存在提供了不可或缺的物质基础。而演变材料则承担着变化与发展的部分，也是本书需要讨论的重点，演变材料并不是单独的一种材料，而是一个相互作用的系统。

这一点在植物材料中尤为显现。克莱芒的演变花园中的演变材料是不同种类的花卉组合。即便在元素较少螺旋形防波堤中，史密斯仍然选用淤泥与黑色花岗岩两种材料作为演变材料。需要说明的是，演变材料不是一成不变的，随着外在条件的变化，风景园林师对演变材料需要进行再定义和选择。

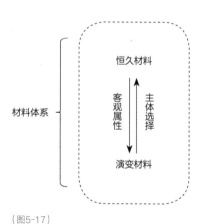

（图5-17）

---

① 本书对可变材料的判定受到了康德所提出的自然合目的性理论影响，在康德提出的自然合目的性的观点中，认为人是自然的最终目的。人的主体建构将自然从"物自体"转变成可以被感知和具体的现实存在。因此，尽管所有自然材料都具有生长和演变的特性，但这并不意味它们都是可变材料，只有纳入风景园林主体实践范畴和审美范畴的材料，才可以称之为可变材料。（引自：张政文.康德启蒙自然观的文化批判. 世界哲学，2006（02）：76-81）

图5-16　从局部至整体原则的示意
图5-17　自然催化策略下材料体系

5.5 "自然催化"的实现广度

在具体的实践中，风景园林师可以根据场地现有条件选择不同类型的风景园林要素作为自然催化中的媒介，其中包括人工材料、自然要素以及人为参与3种主要类型的媒介。"以材料属性为媒"旨在将人工材料作为媒介，使其与所在环境中其他的自然及非自然要素之间发生变化。"以人为参与为媒"是指人的参与活动与场地中其他要素相互作用，从而成为启动及调节风景园林过程的媒介，这类催化主要发生在可容纳人活动的物质空间中，因此一定的人工环境与自然环境是实现这类自然催化的条件。相对于前两类自然催化，"以自然要素为媒"需要借助如风、重力、昆虫等自然要素，因此需要一定的自然环境作为实现催化的条件（表5-1）。

表5-1   "自然催化"的实现广度

类型	相关实践	条件
以材料属性为媒	以昧性材料为"媒"	人工及自然环境
	以柔性材料为"媒"	人工及自然环境
	以分解材料为"媒"	人工及自然环境
以自然要素为媒	以昆虫为"媒"	自然环境
	以鸟为"媒"	自然环境
	以重力为"媒"	自然环境
	以风为"媒"	自然环境
	以火为"媒"	自然环境
以人为参与为媒	"喂养"	人工及自然环境
	"采摘"	人工及自然环境

5.5.1 以材料属性为"媒"

风景园林师可以通过选择特殊的材料，并利用材料自身的属性将其转变为可引发自然过程的媒介。这一类型的实践在一定程度上受到了过程艺术的影响，本节将通过对约瑟夫·波伊斯（Joseph Beuys）、伊娃·海丝（Eva Hesse）以及安迪·高兹沃斯（Andy Goldsworthy）相关实践的分析来进一步阐释"以材料属性媒"的具体设计方法。

1. 以昧性材料为媒

昧性材料指的是随外界温度变化而产生凝固、熔化等变化的人工材料，如常见的油脂、蜂蜜等。约瑟夫·波伊斯作为过程艺术领域中重要的艺术家，常常将这类材料作为引发过程的媒介。

约瑟夫·波伊斯1921年5月出生于德国与和荷兰边境处的克雷福尔德（Krefeld）。在哲学观上受到丹麦哲学家齐克果的影响较大，认为存在是时间上的无限融合，这一点对波伊斯日后的艺术实践起到了很大的影响。1947年波伊斯去往杜塞尔多夫艺术学院进行艺术深造，并于1961年在这里受聘为教授。在20世纪60年代，杜塞尔多夫是当代艺术的重要中心，波伊斯也在这里接触到了艺术家白南淮（Nam June Paik）以及激浪派（fluxus group）等人的艺术实践。

正如波伊斯所说："混沌可以治疗一切"（Joseph Beuys，1952）。波伊斯并不将人工材料视为恒定不变的，反而将其自身的变化视为艺术创作的可能。在一次采访中波伊斯说道："当蜜蜂飞到植物上时，他们成为了一体，植物和蜜蜂一起塑造了这个过程"（Joseph Beuys，1958）。由此可见，波伊斯将不同材料之间相互作用后的暧昧状态视作艺术表现的核心。也正是因为如此，油脂作为一易变的人工材料成为波伊斯的主要艺术创作材料。波伊斯也借助油脂说明了自己"总体化艺术观念（totalisisten kunstbegriff）"的基本理论。"总体化艺术观念"强调了构成艺术作品的不同元素在相互作用下所产生的一种混沌，这一混沌消解了不同元素的边界进而形成了总体化的趋势。他在1963年创作的作品《油脂椅》（图5-18）是"总体化艺术观念"最好的诠释。在该案例当中，波伊斯在椅面上涂了一层未经处理的动物油脂，在右侧的凝结为固态的油脂中，插着一根温度计。在较低温度的条件下，油脂与座椅呈现出一种视觉上的绝对分离，而随着室内的温度增加，油脂原本较为清晰的边界会逐渐融化，油脂与座椅的关系从原本二元分离的关系转

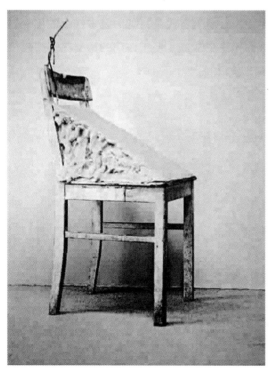

（图5-18）

图5-18 《油脂椅》
（图片来源：www.artisoo.com）

变为一种相互包裹的暖昧态，进而成为波伊斯所定义的总体化艺术作品。除了油脂以外，波伊斯在艺术创作中也使用了如棕色油漆、毛毡、血液、蜂蜜、蜡、铜，骨头以及受到伤害的肉状物与工业品的混合物等等其他材料。这些材料的共同属性是可以进行发酵、变色、腐烂、干枯等化学变化，也因此可以成为启动和调节过程变化的媒介。

2．以柔性材料为媒

伊娃·海丝（Eva Hesse）1936年出生于德国，少年时期海丝跟随父母来到美国。1964年海丝回到德国进行了一系列的艺术参展，她的作品因此也逐步引起了大众的关注。从实践的特点来看，海丝主张一种充满即兴和偶然的创作方式，并认为艺术作品中的不确定是作品的核心，为了更好地产生这种不确定性，海丝往往会选择特定类型的材料进行相关的艺术创造。具体来说，海丝多选用橡皮管、麻布等柔性材料，因这些材料本身具有柔性易折的特征，也具有较大的可变性。为了使柔性材料发生变化，海丝同时也会选择乳胶等一些可以自凝固的材料进行混合。因此我们经常看到海丝在一些作品中选用玻璃纤维与乳胶作为创作的原材料，其原理是在玻璃纤维的表面涂以乳胶，乳胶固化的过程可以引起玻璃纤维随机的形变，以此产生艺术创作品的一系列微妙变化（图5-19）。可以说，海丝利用了柔性材料的易变性，并以可固化的材料为催化，产生出随机变化的艺术作品。

3．以分解性材料为媒

安迪·高兹沃斯（Andy Goldsworthy）通过材料自身的分解与消融实现了作品的变化。安迪·高兹沃斯于1956年出生于英国，1993年高兹沃斯在英国布雷福德大学（University of Bradford）获得了名誉学位，并任教于美国康奈尔大学。高兹沃斯受到了罗马尼亚雕塑家康斯坦丁·布朗库西（Constantin Bran9cusi，1876～1957年）的影响。认为艺术作品的出现是在预想（conception）与执行（execution）反复作用下形成的，反复作用的意义在于超越预想与结果这一线性关系从而孕育出新的可能（邢莉，2003）。

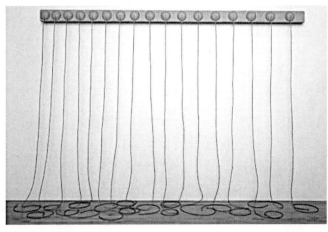 

（图5-19）

高兹沃斯用"渗透（osmosis）"一词概括了材料分解的原理，这一原理是通过生物分解（biodegradation）的方式来实现材料的转变。高兹沃斯将英国农村作为自己艺术创作的环境，这一环境有利于收集自然界中的树叶、树枝、冰、泥土等可分解的材料[1]（图5-20）。评论家朱利安·斯伯丁（Julian Spalding）认为高兹沃斯的作品大多数只是一种临时性的艺术创作，高兹沃斯却并不认同这个观点，他在一次采访中说道："我并不认为我的作品仅仅是临时性的艺术创作，即便构成它们的材料融化了、腐烂了，但是它们却通过生物分解作用于所在的场地"。因此完成了他所定义的"渗透"。需要说明的是，尽管高兹沃斯承认了材料分解过程充满了无序（messy）和随机（random），但却认为艺术创作的意义是在这些无序和随机中寻找出可以控制的秩序（order）并将其展现出来[2]。高兹沃斯对于材料分解的知识多来自于自己的观察而不是来自于相关的科学知识。但他也并不是反科学主义（anti-scientific）的经验主义者（Archibald Geikie, 2001）。为了更好地掌握材料的分解与消融秩序，高兹沃斯坚持对不同自然材料进行长时间的研究，如观察冰雪在高温下液化过程中的形态变化，观察树叶在潮湿空气中腐烂的过程等。

（图5-20）

---

[1] Goldsworthy's working through material differs from Baconian science: I am notinterested in categorizing nature, the scientific approach. I have the countryman's basic knowledge of it. （引自：Friedman and Goldsworthy. Hand to Earth. p162）
[2] Yet while nature is messy, sloppy, dirty, random, arbitrary,and overabundant, Goldsworthy creates order: meticulously selecting materials, sequence, and ultimateform.Goldsworthy's art nothing ever appears decrepit or gross.(Sir Archibald Geikie. The scenery of Scotland, 3rd edn. London: Macmillan, 1901: 344)

图5-19　伊娃·海丝用玻璃纤维与固态乳胶创作的一系列作品
[图片来源：乔纳森·费恩伯格（Fineberg J.），《1940年以来的艺术》]
图5-20　高兹沃斯的艺术创作
（图片来源：Elm Leaves Scotland, 2002.View of site-specific work）

在史密斯的实践中同样将分解材料作为催化。在螺旋形防波堤当中，史密斯将晶体盐作为催化，晶体盐加速了螺旋形防波堤材料与海水发生化学反应的速度，使得防波堤处的盐湖中湖水的颜色更快速度地转变为红色。

5.5.2 以自然现象为媒

自然要素的生长变化是风景园林过程不可或缺的驱动力之一，为了更好地控制这一变化，风景园林师会选择不同的自然要素作为催化而启动和调节这一变化。自然要素包罗万象，本文通过具体的案例分别论述了以动物、重力、火等不同自然要素作为催化的方法。

1. 以动物活动为媒

生命自然现象主要包括动物与植物的生长两大类活动（陈芮，1982）。通过植物生长变化来进行自然催化的案例较多，本书在此不做赘述，主要针对以动物活动为媒介的案例展开研究。动物泛指的是环境中的动物种群，这其中包括鸟类、鱼类、两栖类、兽类、昆虫类等不同类别。环境中的动物是风景园林生态系统中一个不可或缺的部分，作为生态链中不可或缺的一个环节，动物不仅决定了环境的生物多样性，同时也对环境的物质能量循环扮演着承上启下的角色（胡知渊，2009）。具体来说，动物通过其自身的迁徙活动以及其对食物链的影响两种方式来实现自然催化的作用。

在西班牙加利亚群岛（Canary Islands），这里特有的火山土和全年温和的气候使得群岛生长了很多凤梨科（Bromeliaceae）与仙人掌科（Cactaceae）的植物。这两类植物在当地不仅扮演着生产性作物的角色，同样也是很重要的景观植物，在岛上随处可以见到用不同类型仙人掌混合栽植而形成的植物景观（图5-21）。

（图5-21）

为了促进仙人掌类植物的生长，每年在当地5～6月，居民会将捕捉的雌性潮虫（woodlice）放置于仙人掌的枝叶上进行繁殖活动。潮虫是一种具有很强繁殖能力的寄生虫，平均每只雌性潮虫产卵150颗，完成生育的雌性潮虫会体积增大1～2倍，并会很快死亡，由于仙人掌枝叶表面的抗性较强，所以并不会出现死亡的情况。而雌性潮虫体内存留的还原糖（reducing sugar）会作为一种天然肥料促进仙人掌类植物的生长。因此尽管很多地方将潮虫看作为一种侵蚀植物的害虫，而在加利亚群岛为了促进仙人掌植物的生长却鼓励潮虫的生长和繁殖（图5-22）。

（图5-22）

在West 8事务所的作品——阿姆斯特丹机场（SchipholAirport）景观设计中，为了促使场地中的主干乔木白桦树良好地生长，风景园林师高伊策特引入了红花草和白三叶两种一、二年生的豆科植物作为乔木下层地被植物，这两种豆科植物的根瘤菌中所含有的氮酶（nitrogenase）可以起到固定周围环境中氮的作用，从而为场地中的白桦树提供较为充足的养料[①]。与此同时，风景园林师专门委托了当地的养蜂人在所指定的白桦树下设置蜜蜂箱，使用蜜蜂可以更好地传播红花草和白三叶的种子。机场景观建设于1992年，在最初建设的10年内，每年平均增加种植25000棵白桦树，笔者在2014年5月的现场考察中发现，尽管最早规划的红花草和白三叶目前已经不在，但骨干树种白桦树却长势非常好（图5-23）。在该案例中，蜜蜂传播了地被花卉的种子，启动了该场地风景园林过程的开始，因此起到了自然催化的作用。

[①] 一种具有生物固氮活性的氧敏复合蛋白。由固二氮酶和固二氮酶还原酶两种相互分离的蛋白构成。固二氮酶又称"固氮酶"，组分Ⅰ（P1）、钼铁蛋白（MF）或钼铁氧还蛋白（MoFd），是一种含铁和钼的蛋白，铁和钼组成"FeMoCo"辅因子，它是N2还原的活性中心；固二氮酶还原酶又称组分Ⅱ（P2）、铁蛋白（Fe protein）或固氮铁氧还蛋白（AzoFd），它是一种只含铁的蛋白。某些固氮菌处于不同生长条件下时，还可合成其他不含钼的固氮酶，称作"替补固氮酶"，具有在极度缺钼环境下还能正常进行生物固氮的功能。（周德庆，徐士菊. 微生物学词典. 天津：天津科学技术出版社，2005：260-262）

图5-21　加利亚群岛的仙人掌景观
图5-22　潮虫在仙人掌植物上的繁殖过程
［图片来源：恩瑞克·巴特约（Enrique Bartabout），*The Same Landscapes*，63页］

2．以非生命自然现象媒

（1）以重力为媒

通过转化场地中的重力势能而产生风景园林过程的方法之一，在这一类型的实践当中需要一定的场地高差作为基本的条件。罗伯特·史密斯（Robert Smithson）在1968年将重力作为催化实现了"倾泻的沥青"（Glue Pour）这一艺术作品（图5-24）。该作品位于意大利罗马周边的一个废弃采矿场，史密斯将一卡车的沥青运至采矿场的顶端并将其倾泻在废弃采矿场，沥青在重力的作用下，从采石场上端流至底部并演化出不同的形态。尽管这件作品中看不到传统意义上的美景，但是它强烈地表达出景观是不断变化的这一艺术观点。

这件作品对当时的哈格里夫斯产生了很大影响。正如哈格里夫斯在后来的回忆中所说："这是我第一次认识到景观可以具有如此非比寻常的含义，它传达出一种生生不息的状态"（George Hargreaves，1972）。

（图5-23）

场地绿化术：
一种基于风景园林过程性的设计方法　（图5-24）

（2）以地表火为媒

地表火不仅是地表生态系统的干扰因素，也是激发地表生态系统的重要因素（朱从波，2011）。这一点对草本植物尤为明显。地表火作为一种自然催化具有以下两个作用：首先，地表火的焚烧改变了场地的生态平衡，并由此影响了场地中的物种多样性，最终形成了新的动态变化。借助这一原理，风景园林师会通常会选择在冬季之后焚烧草地从而确保先锋植物在种群的相互竞争中不被其他类型的物种所代替。其次，焚烧的过程加速了地表落叶转变为土壤有机物，从而改善土壤的肥沃程度（Teresa Galilzard，2011）。

玛莎·施瓦茨（Martha Schwartz）在慕尼黑公园的竞赛方案中，尝试将火作为一种催化而改变景观的过程。在具体的方案设计中，施瓦茨首先将场地分为不同地块，通过对植物生长周期的了解施瓦茨制定了9年为一个周期的焚烧地表植物的计划，每间隔9年于冬季末会对场地中相互间隔的两个地块进行焚烧，在第二年的夏季被焚烧的地块会被设计师特别引入的先锋植物占领从而显示出与其他地块不同的景象。

在通用公司总部（General Mills Coporation Headquarters）的景观设计当中，迈克尔·范·瓦肯伯格（Michael van Valkenburgh）在每年地被植物枯黄后，会引入地表火对干枯的地被植物进行焚烧，如前文所述，焚烧后的土地为第二年新生长的植物提供了良好的肥力，因此在第二年的春季场地可以不经过人工干预而萌生出新的地被植物（图5-25）。

（图5-25）

图5-23　阿姆斯特丹机场景观设计实景
图5-24　倾泻沥青的实际景象
［图片来源：迈克尔·莱拉克（Michael Lailach），*Land Art*《大地艺术》］
图5-25　通用公司总部场地被焚烧的景象
［图片来源：恩瑞克·巴特约（Enrique Bartabout），*The Same Landscapes*，63页］

5.5.3 以人为参与为媒

适当的人为参与会在一定程度上改变自然过程的变化速度，人为参与同时也会增加景观自身的复杂性。判断人的参与活动是否可以成为本书所定义的自然催化，在于该活动是否能够开启风景园林过程或调解其速率。

在西班牙塞维利亚，当地政府在老城区内道路两侧种植了近2700棵橘子树，使塞维利亚呈现出别具一格的城市景观。每年的1～3月是橘子丰收期，当地政府会在这个时间段内特意保留树上的一些橘子供当地居民采摘，虽然这些橘子由于缺乏常规的农作物养护而无法食用，但人为的采摘作为一种催化构建出了特有的人文景观，也使街道重新获得了活力（图5-26）。

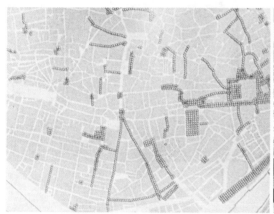

（图5-26）

2001年，阿特里尔工作室（Atelier d'Architecture Autogeree）在巴黎北部的拉沙佩勒（La Chapelle）地区尝试将通过本地居民的介入将当地未被利用的闲置空间逐渐改造成为城市公园。具体来说，阿特里尔工作室工作室设计了5m×5m大小的"生态盒子"单元。这一单元具有两个基本特征：5m大小的"生态盒子"可以由单个居民根据自身的喜好进行种植以及养护，因此具有了个体的意义；其次，统一尺度的"生态盒子"之间可以进行相互拼装并形成具有公共尺度的场地。阿特里尔工作室用了长达4年的时间对"生态盒子"方案进行了实施。"生态盒子"根据居民自身需要自发进行拼装，因此公园的产生是一个不断增长的过程（图5-27，文后附彩图）。最终，近100户的居民参与了"生态盒子"的计划，最终形成面积约3000㎡的公园（图5-28，文后附彩图）。场地后期的维护也依靠参与者，在这次计划当中，人为的种植、搭建以及后续维护活动启动了公园的建设，并形成了与周围环境的共生，即本书所提出的启动催化。

（图5-27）

（图5-28）

图5-26　赛维利亚老城区的橘子树以及采摘活动
图5-27　因人为种植和搭建而逐步形成的公园
[图片来源：Mohsen Mostafavi（莫森·莫斯法塔维），*Ecological Urbanism*《生态都市主义》，511页]
　　图5-28　最终形成的公园
[图片来源：Mohsen Mostafavi（莫森·莫斯法塔维），*Ecological Urbanism*《生态都市主义》，511页]

8 7 6

本章首先对3个重要的实践案例进行深入解析，这3个案例分别为：阿姆斯特丹森林公园、当斯维尔公以及拉维莱特公园。3个案例的产生背景、区位环境以及空间尺度具有一定的类似性，通过案例研究可以归纳出这一类型实践的核心问题在于建立一套适宜的变化机制并由此来适应未来发展中的不确定性。故而本文提出了"弹性建造"的设计策略，并对这一设计策略的理论特点与实现路径进行了详细阐释。

6.1　建构过程与风景园林实践

主体为了满足其自身的诉求，通过其行为和动作（action）作用于场地，使其形成时间、空间两个维度的变化称为主体建构过程。相对于其他类型的城市基础设施，风景园林与建构过程[①]具有一种天然的联系，形成这一天然联系的原因有以下3点：①相对于其他类型的城市基础设施，风景园林单位造价的低廉以及施工建造的灵活为不断发生的建构过程提供了可实施条件；②相对于其他类型的城市基础设施，风景园林具有较短的实现周期，这是其进行建构过程的另外一个条件；③相对于其他类型的城市空间，非专类功能[②]的风景园林如城市公共绿地、附属绿地等对于功能的要求较为松散与模糊，这一模糊性也为建构过程的发生提供了天然的基础。风景园林自身的这些属性使其可以成为容纳建构过程的载体。

建构过程与设计实践又是什么关系？

在建筑学以及城市设计领域，对建构过程与设计实践的讨论是一个由来已久的议题。在《明日之城市》（*The City of Tomorrow and Its Planning*）中，柯布西耶这样写道："如果我们认为空间之美是纯粹的理性活动形成的结果，那么也就意味着每一件事物本身在诞生之后就会死亡，这种昙花一现的美丽只会制造一个笑话"[③]。在柯布西耶看来，空间的形态是由城市构成要素之间不断演化、冲突、作用而形成的动态情景。与柯布西耶的观点类似，吉鲁特（Christophe Girot）认为，如果当代城市景观存在着某种美学，那么这一美学最有可能在一种进程中形成。在这一进程中，景观会与不断涌动的经济、文化等因素需求发生碰撞，形成一种自发的识别性（self identity）。凯文·林奇则认为："一个突出的城市景观不过是一个轮廓而已，在这个轮廓之中，城市居民营造着属于自己的神话"。显然，林奇将构建过程作为城市景观自身优化的条件之一。

通过上述的观点可以看到，建构过程与设计密不可分，在接下来的章节中，将通过案例研究进行更为深入的解析。归纳出基于建构过程的风景园林实践的共性。

6.2　案例解析

6.2.1　阿姆斯特丹森林公园（Bos Park）

1．背景介绍

近代荷兰风景园林实践始于20世纪20年代，以沿城市防洪堤建设的大型公共园林和乡村别墅周边的小型花园为主要实践类型，在风格上则受到当时盛极一时的英国自然风景园林的影响。20年代之后现代主义的价值观和生态学的理念对荷兰风景园林实践产生了巨大影响，在生态学家泰恩斯（Jaques P Thijsse）的倡导下，荷兰政府修建了大量郊野公园，这一期的设计风格同时受到现代主义和英国自然风景园林的影响，更多表现出折衷主义的风格，本书的研究对象阿姆斯特丹森林公园也始建于这个时期。20世纪70~90年代，风景园林师开始大规模进入城市设计领域，这也是荷兰风景园林走向多学科融合的主要发展时期。1990年代后，随着荷兰当代艺术、生态学、城市规划、建筑、风景园林等学科的迅猛发展，风景园林的实践也发展至鼎盛时期并逐步形成了自身特点。

19世纪50年代，阿姆斯特丹城市扩建计划将城市南部郊区规划为公园区域，进入20世纪20年代，城市的扩张和由此带来的环境问题、土地利用问题愈演愈烈。在这样的背景下，生态学家泰恩斯与被誉为荷兰现代建筑之父的贝尔拉格（H. P. Berlage）建议在阿姆斯特丹和阿姆斯特尔芬市（Amstelveen）之间，修建一个可以供城市居民游憩的森林公园，即是本书中的阿姆斯特丹森林公园（图6-1）。

2．案例描述

阿姆斯特丹森林公园占地约875hm²，总面积接近纽约中央公园3倍。公园用地本来是填海造地后的农田，此场地中存在大量沼泽地（占场地总面积的40%）（表6-1），其海拔平均低于海平面3~4m。也正因此，场地中的土壤多是可以为动植物生长提供良好养分的泥炭土和黏土。与此同时，场地具有良好的生物多样性，荷兰国内已被记载的370种鸟类当中，该场地中即有近300种。

---

① 在本书3.3节对建构过程进行了详细的定义。
② 这里所说的专类的风景园林空间指的是对特定功能要求较强的风景园林，如植物园、动物园、墓园等。
③ 引自：勒·柯布西耶. 明日之城市. 李浩译. 北京：中国建筑工业出版社，2009：46.

阿姆斯特丹

阿姆斯特尔芬

（图6-1）

表6-1 阿姆斯特丹森林公园的用地分析表

用地类型	面积（hm²）	比例（%）
林地	420	45
草地	215	23
水面	135	14
沼泽	70	8
道路及停车	60	6
活动场地	30	3

资料来源：Alan Tate. Great City Parks. New York: Spon Press，2001：168-178。

　　阿姆斯特丹森林公园最早规划于20世纪20年代，并于20世纪30年代进入第一次人工建设期（George Hargreaves，2008）。阿姆斯特丹森林公园为泰恩斯与贝尔拉格为了改善阿姆斯特丹城市环境而开展的"绿肺"战略的重要组成部分。公园的方案设计并非由单独的风景园林师和事务所完成，在公园具体规划设计前期，当地政府组建了前期研究委员会，成员包括了泰恩斯和贝尔拉格在内的生态学家、城市规划师、社会学家和工程师（李家志，2004）。可以说前期的研究对公园最终的成功功不可没。后续的设计工作则由建筑师科纳里斯·凡·埃斯

（图6-2）

特（Cornelis van Eesteren）和风景园林师贾克帕·马尔德（Jacopa Mulder）具体负责（图6-2，文后附彩图）。

　　这一时期西方正值第一次世界大战结束，基于战后人口的激增以及由此带来的一系列城市问题，西方思想界开始探讨变革时期城市公园新的方向。在这样的时代语境下，奥姆斯特德（Frederick Law Olmsted）的"公园（Public Park）"和德国的"人民公园（Volksparks）"分别代表了当时的两种设计态度："公园"将思考的焦点放在了社会政治学领域的公共性问题上，奥姆斯特德本人甚至将公园作为了一种推行民主社会的催化剂；而德国的"人民公园"受到理性主义的影响，认为公园的功能如何去适应城市中新兴中产阶级的生活是首要的问题，德国人民公园尝试去除工作与休闲娱乐之间的距离，赋予城市公园生产功能的价值（Jmaes Corner，1999）。凡·埃斯特和贾克帕·马尔德在这两种思想的影响下，认识到将公园建成一个可以自我调节、适应城市功能变化、具有一定的组织性和生产性的动态场所，其意义大于营造一个风景

图6-1　阿姆斯特丹森林公园区位图
图6-2　阿姆斯特丹森林公园平面图
（图片来源：丽贝卡·斯图格斯绘制于2003年，Large Parks）

如画的传统公园。产生这一策略的初衷也来自对现实问题的考量，20世纪30年代的荷兰正值一战过后，人口的急剧增长带来了城市的快速发展建设，公园建设所需要的一次性大量投入很有可能因为与城市化的发展速度无法匹配而最终造成巨大的浪费。与此同时，如果仅仅从实用主义的角度考虑当下需要面对的具体问题，难免会使得公园丧失面对未来变化的弹性。为了最大限度地解决经济、生态、功能等一系列问题，并将这些问题的解决不仅仅放置于当下的时间语境，两位设计师建立了一套可以着眼于当下又可以回应未来的空间机制。1935年，由于在建造的过程中遇到了经济萧条期，森林公园的建设并没有借助于机器而是完全由人力和马修建完成。在1937年年底公园完成了第一阶段的建设，这一阶段的公园可以有效接待接近9万人的活动。在来访的人群中，65%来自于阿姆斯特丹，其余35%则来自于周边其他城市（李家志，2004）。

3. 方法读解

阿姆斯特丹森林公园建设于快速发展的年代，面临了经济、生态、文化以及审美等多个方面的压力和挑战，然而建设方和设计师制定了一系列的设计策略，从而有效地解决了上述矛盾（Anita Berrizbeitia）。在具体的方案设计中，风景园林师借助现状道路对公园进行了动静分区，道路北部主要集中了可以满足各类活动的运动场地，其中包括8个标准的网球场、长1.2英里的长方形赛艇通道，南部则较为安静。在场地平整的过程中，以50m为间距将场地划分成一系列长方形的农田，形成一个连续、平坦的空间，这样不但可以满足公园的基本功能，更为公园的未来塑造了可能性（图6-3）。由于公园建造于围海形成的滩涂上，并低于海平面4.5m，所以排水成为一个难题。公园因此设计了两套排水系统：一套是位于地下1.5~2m深的管道系统，在降低了水平面的同时灌溉了树木的根系。另一套是结合场地周边的运河、湖泊和池塘形成的排水系统，逐步将场地内的水排往东北角，最终通过水闸排到新湖。公园建设于1929年，并于1949年完工，对现实性与可能性进行有针对性的回答使阿姆斯特丹森林公园具有了一种理性主义和唯物主义的精神，这种精神并不关注古典式的审美，而是通过类似与物质生产的模式重新定义了公园。公园在对待形态这个基本问题时采取了"去形式化"策略，削弱公园中核心区与非核心区的二元对立关系，取而代之的是对开放的草地、林地、水体等景观元素进行较为均质的分布，每一种元素都在不同的空间贡献出近似相等的价值。通过统计，在900hm²的用地中，林地占300hm²，草地占270hm²，其余用地为水面和道路，它们之间的比例近似于1：1：1，这种中心和边界无差别的结果使公园的形式不属于古典美学认知中的任何一种，它既不波澜壮阔，也很难讲景色如画。凡·埃斯特将这种景观的存在方式描述为"马赛克（mosaic）"[①]式的镶嵌体。"马赛克"的概念起源于现代生态学，生态学认为：物质始终处于自调整与运动的状态之中，不断适应和改变着周围的环境，在特定的体系中，物质都不可能独立于其他而存在。形式是各种构成物质不断适应和改变外在环境的过程，不同诱因产生了不同类型的动态演进，最终形成新旧统一的景观系统总和。

作为欧洲人口密度最高的国家，荷兰国土面积约50%低于海平面，防洪标准为万年一遇洪水，将荷兰的历史描述成一部与洪水抗争求生存的历史毫不过分。人地紧张的关系使这里的

（图6-3）

人们先天上就模糊了人造景观与自然景观的关系，以至于欧洲一直流传着"荷兰没有纯自然的景观"的说法②。也正是由于这样的价值观，荷兰人天生就少了对自然的憧憬和向往，而以一种生产系统的逻辑去建构景观。在阿姆斯特丹森林公园的种植设计中，风景园林师建立了完善的产业森林计划：首先在一个单元内随机分配两种不同的种植林型，分别是以桤木、桦树、赤杨、水曲柳等为主的临时速生型森林种植模式和以岑树、枫树、橡树和山毛榉为主的长期慢生型森林种植模式，临时速生型森林不仅具有为长期慢生型森林提供初期苗木生长的庇护功能，也大大减少了原本需要一次性投入的成本。为满足最初的使用功能，速生树同时也被种植于道路两侧，被赋予了行道树的基本功能（George Hargreaves，2008）。经过15年的生长，先锋林中除桤木外，其余都移除以确保长期慢生型森林的增长（图6-4）。

---

① 马赛克原义是一种装饰艺术，通常是使用许多小石块或有色玻璃碎片拼成图案。在荷兰的景观文献中，经常可以看到这个词的出现，库哈斯（Rem Koolhaas）的OMA事务所对2001年设计的加拿大当斯维尔公园（Downsview Park）最终的评述是："它将最终成为一个高度整合的马赛克体"，而位于鹿特丹WEST 8事务所也于2007年出版的了以"mosaics"命名的专业作品著作。
② 刘力. 从WEST 8透视荷兰景观［J］. 湖北：华中建筑，2009（09）：164.

图6-3 阿姆斯特丹森林公园的功能系统图
（图片来源：丽贝卡·斯图格斯绘制于2003年，Large Parks）

临时速生型种植　　　　混合型种植　　　　长期慢生型种植

（图6-4）

在该案例中，风景园林过程不仅与审美和现象发生了联系，并且与生产性和实用主义发生了更本质的联系[①]。可以看到，阿姆斯特丹森林公园的持续变化存在于自然与人造两套系统之中，前者产生于一种自然的物质变化，而后者则始于主体自身诉求的持续变化。评论家罗伯特·索默尔（Robert Somol）认为，阿姆斯特丹森林公园的设计师针对这两套不同的系统提出了两种不同的策略，第一种是可持续性的森林景观，第二种则是基于分期实施的精确安排，这一安排确保了各项元素和空间的精确性和集约性。针对第一套系统，设计师在最初的建设中并没有种植过多的已经成熟发育的植物，而是将速生树种与慢生树种进行了适当配比。这一举措尊重了场地的物种多样性，并且最大限度地保持了土壤营养和水循环，从而最大程度地利用了场地中的现有自然资源。为保证公园自身生态系统的完备性，设计师与生态学家、科学家智慧地组织起了公园内部的自然过程，并使得这一过程为公园的使用者提供了全方位的益处。具体来说，风景园林师与管理者建立了养殖牛羊的牧场并为各类昆虫提供了栖息地，营造出公园的生态群落区（图6-5，文后附彩图）；同时通过现代管理学的方式使人工与自然进一步融为一体。

针对第二套系统，风景园林师则采用了一种弹性实施的策略，这种弹性实施策略最大程度减少了一次性投入的成本，也满足了公园功能不断转变的需要。从1937年建好至今的70多年来，伴随着阿姆斯特丹城市的不断扩张，公园的功能被不断重新定义，公园自身的空间结构也因此被不断重新建构，为了适应这种不断的重新建构，公园中的基础设施也在不断更新与扩充，因此公园中的基础设施建造都选用了混凝土、钢材、玻璃等易于实施的材料（图6-6，文后附彩图），与此同时，公园中所预留的空间可以很好地适应不同事件的发生（图6-7，文后附彩图）。

（图6-5）

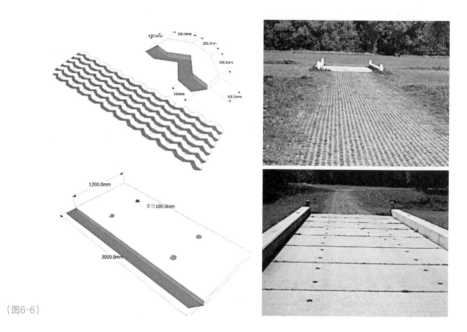

（图6-6）

---

① 在现象学的理论中，风景园林过程性过程是形式形成的手段，也是后现代主义实践的重要标志之一。美国当代风景园林师哈格里夫斯（George Hargreaves）是这一领域的代表人物。哈格里夫斯通过将系统中不同因子的单一或相互作用显现出来，如植被的演替和风与水的侵蚀，经历时间并影响最终的风景园林形式。两者虽然都以时间、过程、开放性作为文本描述的关键词，然而由于二者出发点的不同最终演绎出完全不同的结果。在哈格里夫斯的作品中，过程作为一种手段更多是服务于一种审美和形式，而不是满足一种自下而上的功能需求。

图6-4 阿姆斯特丹森林公园的过程种植设计［图片来源：Czerniak, Julia/Hargreaves（泽尼亚克，茱莉亚/哈格里夫斯），*Large Parks*，69页］
图6-5 阿姆斯特丹森林公园中的生态群落
图6-6 公园中不断增加的活动场地

（图6-7）

6.2.2　当斯维尔公园（Downsview park）

1．背景介绍

　　当斯维尔公园（Downsview Park）前身是当斯维尔空军基地，始建于20世纪40年代（图6-9）。场地位于加拿大多伦多市西北部，最早属于城市郊区地带，多伦多的城市扩展是一种从历史中心不断向周边区域扩展的过程，在这一趋势的拓展之下，当斯维尔公园在1970年代后处于大多伦多地区的中心位置（图6-9）。基地总共面积为320英亩（约1.3km²），主要高速公路和城市干道皆可到达。用地平面呈"U"形，位于多伦多市的两条城市河流——亨伯河（Humber River）与唐河（Don River）之间。当斯维尔公园是加拿大政府兴建的第一个国家级的城市公园，内部包含了高速公路、飞机跑道等多种城市基础设施（Julia czerniak，2010）。

（图6-8）

(图6-9)

20世纪90年代多伦多的发展建设为基地的重新建设带来新的契机，然而这一契机的背后也存在着两个很大的挑战，即公园如何可以不断地适应城市发展过程中新的需求以及规避一次性大量建设带来的建设风险。除此之外，由于当斯维尔公园的土地权属在2006年才由军方完全交接给政府，因此在这之前不能对现状场地做出过多的修改。再一次采访中大卫·安瑟米说道："事实上，在2006年没有土地移交之前，我们唯一可以做的只有种树。"因此，采取一种弹性的设计策略是应对现实问题的巧妙之举（David Anselmi，2001）。

2．案例描述

多伦多政府于1995年成立当斯维尔公园研究中心（Downsview Central），研究中心是一个非营利性质的组织机构，经过将近1年的前期研究，研究中心提出将基地中一半的土地（约65hm²）改造为可以适应未来城市变化的城市公园，公园总体建设预算为1.45亿加元，其中4000万将投入最初的建设。在1999年，多伦多政府成立了当斯维尔公园股份有限公司（Parc Downsview Park）来统筹公园的规划设计、建设以及后期运营等相关工作。可以说，当斯维尔公园的成功有一半归功于建设方的组织工作。当斯维尔公园股份有限公司在1999~2000年举办了针对当斯维尔公园规划设计的国际竞赛，对参加者的最终成果不做硬性要求，但对公园在未来城市发展中具有可塑性和开放性这一命题提出了前所未有的要求：设计方案中应包括公园随城市变化的适应性设计，并且需要提供在15年内公园建设3个阶段的具体实施策略以及第一阶段的详细设计方案。整个竞赛过程分为两个阶段，海选阶段共22家事务所参与，第二阶段共5家事务所参与（图6-10），其中包括拉维莱特公园的设计者伯纳德·屈米（Bernard Tschumi）以及詹姆斯·康纳（James Corner）与斯坦·艾伦（Stan Alan）团队参与的竞赛设计方案。

图6-7　公园内部开展的事件活动
图6-8　DOWNSIVEW现状图
[图片来源：Julia Czerniak（泽尼亚克·莱莉亚），*DOWNSIEW PARK TORONTO*《当斯维尔公园》]
图6-9　当斯维尔在多伦多市区位图与用地范围图

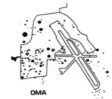

Foreign Office　　　Tschumi　　　OMA　　　Brown and Storey　　　Corner + Allen

（图6-10）

经过评委的几轮比较筛选，库哈斯（Rem Koolhaas）领衔的OMA事务所和加拿大工业设计师布鲁斯·莫尔（Bruce Mau）联合提交的"树城"（Tree City）成为最终中标方案。"树城"方案脱离了传统意义上的图纸绘制，而近似于一个公式化的图解，在这一套图解当中大小不一的圆圈被定义为"景观群"（landscape cluster）（图6-11），这种大小不一的单纯的几何图案可以随着未来的实际需求被不断填充，由此应对未来变化中的不确定性。与此同时，该方案在公园与城市发展之间建立了一种资源的互补以最大程度地节约公园的建设资本。

文化研究学者古尔德（Gould）认为，对于对静态秩序以及和谐性的憧憬是乌托邦世界必不可少的特征。古尔德将迪士尼乐园作为乌托邦空间的典型代表，进一步说明了乌托邦世界是一种充满快乐、毫无冲突的存在，而这一存在却游离于真实世界之外。在"树城"的概念方案中，我们可以看到一种"反乌托邦"的表达。库哈斯1944年出生于荷兰鹿特丹，幼年在印度尼西亚度过，后移居阿姆斯特丹，早年曾从事剧本创作并当过记者。由于长年漂泊不定的生活以及深受20世纪60年代西方社会变革时期文化思想影响，在库哈斯的头脑深处很难找到一个关于美丽乌托邦世界的愿景（朱涛，2012）。库哈斯这种对于乌托邦世界的批判，从其理论著作《癫狂的纽约》（*Delirious New York*）、《小，中，大，特大》（*S，M，L，XL*）、《普通城市》（*General City*），到后来《大跃进》（*Great Leap Forward*）具有一致性。

"树城"作为一个设计策略，其演绎包括了3个阶段（图6-12）：

第一阶段（2001~2005年）：土壤污染整治。在这一阶段公园整体形式上并没有发生太大变化，更多的是为下个阶段建设营造良好的生态环境。第一阶段的工作核心在于保证植物的良好生长。这一阶段中最初大约1/4的"景观群"被定义为种植群落，可形成草原、花园、竹林、果园甚至小型农田等多样的景观，剩余"景观群"的功能则根据未来城市发展而决定。

第二阶段（2006~2010年）：基础设施建设。围绕"景观群"的变化，对公园内部进行基础设施建设，方案设计在这里并没有区分强调基础设施功能上的不同，交错的路径既是人行道又是单车道，这样拼贴画般的结果使公园在城市形态和外部空间塑造上极具多样性和生动性，并与"景观群"产生了丰富的双向互动，而这种互动也将黑溪、西道恩河与河谷进行了连接，使得郊区的组织结构最大限度地融入了公园中。

第三阶段（2011~2015年）：完善植被与功能。在整治土壤基础上完善了植被设计，将植被延伸至周围其他用地属性的城市空间，使公园具有了城市尺度的生态完整性，与此同时，公园中的植被、运动场地、花园等会根据具体的需求进行修建，那些在第一阶段中没有被定义的

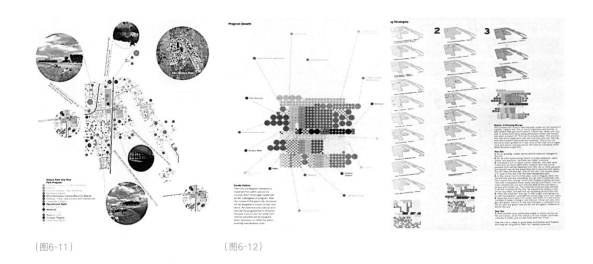

（图6-11）   （图6-12）

"景观群"再次因为城市与公园的相互作用而产生即时性的具体功能。

2002年OMA事务所将当斯维尔公园的深化设计移交了布鲁斯·莫尔。然而在实施的过程中，由于"树城"并没有做出深化设计，库哈斯所承诺的"对未知社会条件的务实反应"只停留在了概念阶段，这也就造成了后期工作的进展缓慢。在基础设施和基本功能缺失的情况下，公众很难对这个"场地本身为一个后工业用地而现状也呈现出'未完成态'"的公园表达出过多的热情，这也导致了"景观群"对公众吸引的失效。2003年，当地报纸：《多伦多星报》（Toronto Star）刊登了一篇名为《如果当斯维尔公园是件大事，为什么现在还没有动静？》的文章，该文章表达出了公众对于公园建设的失望之情。在受到诸多舆论压力的情况下。为了确保方案设计的可实施性，当斯维尔公园公司邀请本土设计公司——加拿大PMA景观设计事务所进行深化设计（图6-13，文后附彩图），并且委任加拿大著名风景园林师大卫·安瑟米（David Anselmi）担任当斯维尔公园有限公司副主席。安瑟米的任务是将树城方案中所勾勒出的动态景观转变成一个切实可行的公园。2004年2月布鲁斯·莫尔制定了公园详细规划并由PMA景观事务所进行深化设计。从2001年至今，当斯维尔公园的建设已经初具规模，目前公园种植了超过了6万棵树，在接下来的4年当中，公园在允许向公众开放的同时将会进一步完成部分展馆、广场等公园配套设施的建设（图6-14，文后附彩图）。最新的报告显示，当斯维尔公园股份有限公司目前与很多机构组织、企业、政府部门建立合作关系，推动了公园与城市在经济、

图6-10　DOWNSIVEW竞赛成果
［图片来源：Julia Czerniak（泽尼亚克·茱莉亚），DOWNSIEW PARK TORONTO《当斯维尔公园》］
图6-11　概念方案中的"景观群"
［图片来源：雷姆·库哈斯（Rem Koolhaas），Tree City《树城》］
图6-12　"树城"的演绎过程
［图片来源：Julia Czerniak（泽尼亚克·茱莉亚），DOWNSIEW PARK TORONTO《当斯维尔公园》］

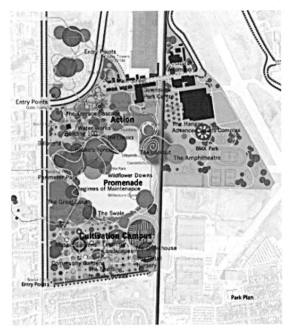

（图6-13）

环保、文化领域的合作，从而有效地组织起城市的综合资源。此外，当斯维尔公园从开放初始，相关部门投入了大量精力进行公共咨询、民意调查、制定设计竞赛组织等相关工作，毫无疑问，当斯维尔公园为城市公园的发展建设提供了一种新的思路和操作方式。公园本身因为其特有的多样性和可能性，而成为高度复合化的城市空间中的一个单元。

3. 方法读解

理查德·达根哈特（Richard Dagenhart）认为库哈斯在当斯维尔公园中所建立的不是传统意义上的空间结构，而是一种媒介结构。媒介结构的目标不是要得到某种固定的形式或结果，而是通过媒介与外部发生的能量转移来促进公园的发展。在本书的3.3章节中提出建构过程由"文本"与"填充"两种结构构成。达根哈特在这里所说的"媒介结构"即是本书所定义的"填充"，而"景观群"则是"填充"和"文本"之间的衔接。换句话说，风景园林师在本案例中的主要工作不是设计出一个无懈可击的公园，而是建立出一套可以适应发展的不确定

（图6-14）

性，并且吸收这种不确定性所产生的能量的框架，当斯维尔公园中大小不一、可进行相互转换的"景观群"正是这一框架。

公园是城市化发展过程中的一个产物，体现出城市自身的可识别性[①]。在"树城"方案中，库哈斯试图将当斯维尔公园低投入的短板转变为多伦多寻找城市价值的一个契机。高强度的种植加强了多伦多的可识别性，使公园在城市尺度上成为一个释放自身特质的源点，并与多伦多市区的高密度形成一种自然与非自然的平衡。在伯克（Berke）和福尔克（Folke，1998）提出的社会生态系统（socio-ecological systems）的理论中，反对将人与自然的关系进行二元化的分隔讨论，并认为人类系统的活动可给自然系统提供发展的动力。在当斯维尔公园的设计操作中，库哈斯十分重视城市系统与自然系统互相影响的作用，并将这种不断建构的过程视作公园自生获得能量的机会，相比于传统公园对城市空间消极回避的态度，库哈斯的这一态度对城市无疑是一种积极主动融入。

6.2.3　拉维莱特公园（La Villette Park）

1. 背景介绍

法国政府在时任总理密特朗（Mitterand）制定的"伟大工程（Grands Project）[②]"的计划下，于1982年组织了拉维莱特公园的国际竞赛。拉维莱特公园位于巴黎的东北郊，面积约50.5hm²，曾经的功能是一座屠宰场（图6-15）。公园里有两个现有的建筑，它们分别为科技博物馆（The Museum of Science and Technology）和大哈勒市场（Grand Halle Market）（图6-16）。屈米对拉维莱特公园的现状有过这样的描述："拉维莱特公园内部包含了大量的构筑物，这是常规公园中并不常见的，然而这些构筑物并不是一次性建成的，其建设顺序具有一定的非连续性（discontinuous），不同时期的历史信息在公园中进行了叠加，形成其特有的空间品质"（Bernard Tschumi，1987）。

---

① 20世纪70年代，在"十人小组"（Team 10）发表的文章《十人小组先锋》（team ten premier）中，第一次定义了场所的"可识别性"（identity）。"可识别性"指的是事物自身特有的性质或品质，也是事物之间相互区分的基本因素，具体而言，"可识别性"是一种基于整体环境的印象，也可以理解为一种"环境的特性"（environmental character）。
② "伟大工程（Grands Project）"由法国政府为巴黎市中心的文化和经济发展组织的项目，项目主要包括新建卢浮宫金字塔（The Louvre Pyramid）、巴士底歌剧院（The Opera at Bastille）以及德方斯广场（Arch at Tête de la Défense）。（引自：Cânâ Bilsel and Namık G. Erkal published in XXI in 2000，p27）

图6-13　布鲁斯·莫尔提交的深化方案
[图片来源：雷姆·库哈斯（Rem Koolhaas），*Tree City*《树城》]
图6-14　2012年当斯维尔公园的现状
[图片来源：黄珊]

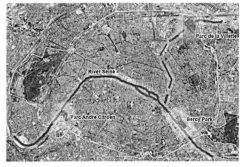

（图6-15）

（图6-16）

本次竞赛的主办方提出了"文化公园（culture park）①"的建造模式，而拒绝了19世纪奥斯曼巴黎改造时期的公园模式②。"文化公园"这一概念将公园本身的功能以及公园与城市的关系作为了思考重点，而将公园本身的审美放置于次要的地位，同时强调了公园与城市生活联系的紧密性，最为直接的表现就是竞赛的主办方希望其他设计团队在未来依然能够对本次设计的成果进行修改，这也就意味着本次的设计成果需要具有一定的开放度，可以容纳其他要素进行一定的叠加（superimposition）。除此之外，要求参赛的设计成果要呈现出近期的改造和在未来将进行的一系列更新，而这种更新又不会造成原有场地结构性的损失（loss of organizational structure）。

2．案例描述

在这样的命题之下，拉维莱特公园不在是一个单独的自然场所，转而成为与城市的经济发展、社会需求息息相关的共同体结构。伯纳德·屈米（Bernard Tschumi）认为："拉维莱特公园竞赛所定义的公园与城市二者之间的关系，在整个建筑史上具有举足轻重的意义。"③来自70个国家的470个作品参加了此次国际竞赛。组委会选择了其中

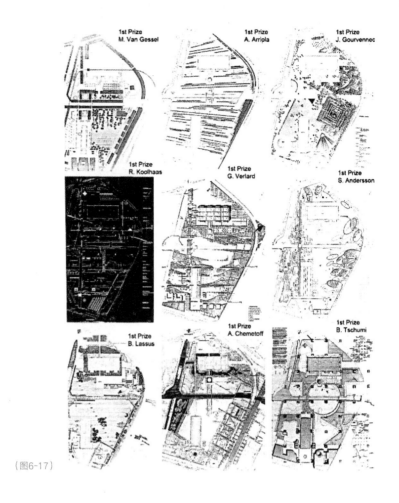

（图6-17）

的9件作品列入最终的入选名单。这其中包括屈米、库哈斯、安德森（S. Andersson）、谢梅道夫（A. Chemetoff）、拉絮斯（B. Lassus）等欧洲著名的风景园林师与建筑师。最终的一等奖由屈米获得，而二等奖则由库哈斯获得。查尔斯·瓦尔德海姆认为，在这9件作品当中，屈米与库哈斯的作品具有较为鲜明的立场，重新定义出公园与城市之间一种新的范例（paradigm），这一范例具有空间无等级、可变性等常规公园不具备的特征。

① The concept of "cultural park" dates back to the beginning of the 20th century.About this，Bernard Tschumi states that "during the 20th century we have witnessed a shift in the concept of the park，which can no longer be separated from the concept of the city.（引自：Bernard Tschumi. Cinegram folie: le Parc de la Villette. Princeton，NJ: Princeton Architectural Press，1987：19）

② 这一时期的巴黎城市公园主要受到法国古代主义时期所遗留的理论影响，并且在形态上借鉴了欧文（Owen）和加伯特（Cabet）等人的棋盘式布局。城市公园多从城市道路入手，创造出如绘式的园林，并且将园林自身所具备的形态作为振兴整个街区的重要手段。公园中往往设立了大型的雕塑和纪念碑。[引自：崔柳，朱建宁，十九世纪的巴黎城市园林，中国园林，2009（04）：41-45]

③ "The competition for the Parc de La Villette is the first in recent architectural history to set forth a new program that of Urban Park，proposing that the juxtaposition and combination of a variety of activities will encourage new attitudes and perspectives".（引自：Bernard Tschumi. Cinegram folie: le Parc de la Villette, Princeton, NJ:Princeton Architectural Press, 1987: 29）

图6-15　拉维莱特公园的区位

图6-16　公园内现存的科技博物馆和大哈勒市场

图6-17　拉维莱特公园的入围作品

[图片来源：et Architecture，Vol:345（1982-1983），P161]

3. 方法读解

屈米1969年毕业于苏黎世高等工业大学，分别任教于AA建筑学院、普林斯顿大学建筑与城市研究所、库珀联盟和哥伦比亚大学。作为建筑师、理论家以及教育家，1981年出版的《曼哈顿手稿》（*The ManhattanTranscripts*）一书代表了屈米的基本的立场与观点。在《曼哈顿手稿》一书中，屈米批判了现代主义提出的"形式追随功能"观点，在他看来，城市的功能是不断发生转变的，如果为了满足当下的功能而建造出具体的形式，则无法应对时间维度中的不确定性与复杂性；城市并不简单地等同于空间和形式，而是关于事件[①]的迭代（iteration），并提出空间、中介与事件是迭代关系中3个最重要的因素。空间、事件和中介之间的迭代形成了自治结构（图6-18），自治结构将空间与事件抽象成为纯粹的点线面关系。空间在这里指的是物理空间，为事件的存在提供了背景与条件，屈米认为，空间本身具有一种无差异性的匀质性，其差异性是通过事件而获取。而事件则是运动变化的最小单位，中介的意义是将事件传递至空间，形成空间的自治（图6-19）。

（图6-18）

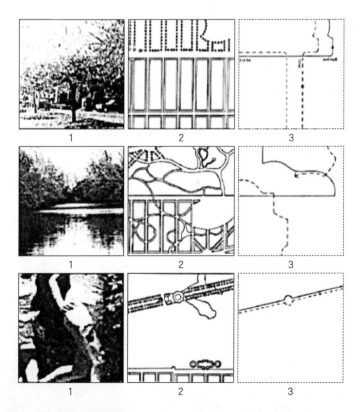

场地绿化术：
一种基于风景园林这样性的设计方法

在拉维莱特公园方案设计中，屈米秉承了《曼哈顿手稿》中的设计态度，建立了点线面关系下的自治结构（图6-20）。线系统的具体功能是5m宽的步行道，这两条道路分别从东西和南北方向连接了公园中所有的红色构筑物。面系统则是为了满足"面积较大的活动空间"这一要求，具体活动包括游乐园、娱乐区等等。

屈米选择了42个红色构筑物（folie）[2]作为拉维莱特公园中的中介，中介[3]（medium）的基本特征是中立性和传播性。当中介两端的作用力发生一定的倾斜时，中介会将较强一方的作用力传递给另外一方。中介也是一种开放性（openness）的存在，其自身并不具备现实的意义，而是随时间的发展进一步去现实化和具体化。选择将场地中点状红色构筑物作为中介有

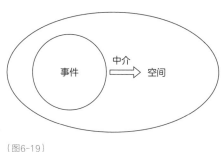

（图6-19）

（图6-20）

---

① 屈米并不是唯一一个关注"事件"的建筑师与学者。城市空间在全球化和城市化的作用下具有流动性特点，自20世纪70年代后，库哈斯就开始关注城市空间如何可以应对不断变化的社会需要。沃尔（Alex Wall）在他的文章《城市表面计划》（*Programming The Urban Surface*）一文中认为库哈斯用框架和内容的关系替换了功能与形态的关系。（引自：Alex Wall. Programming the Urban Surface，1999）
② 本书重点讨论的对象是中介在拉维莱特公园中具有的过程含义，在这里对folies自身的形态特征和艺术倾向并不做出过多的讨论。
③ 中介一词起源于拉丁语"medius"，在当代汉语词典中的解释是："使双方（人或事物）发生关系的人或事物，中介代表了一种二元相等的中间状态"。

图6-18　自治结构的图示
[图片来源：伯纳德·屈米（Bernard Tschumi），*The Manhattan Transcripts*《曼哈顿手记》，1993]
图6-19　事件、中介与空间的关系图解
图6-20　拉维莱特公园平面图
[图片来源：伯纳德·屈米（Bernard Tschumi），*Cinegram Folie: le Parc de la Villette*，1991]

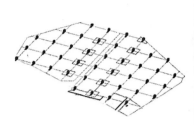

（图6-21）

以下两个原因：首先，红色构筑物具有10.8m×10.8m×10.8m大小一致的体量（图6-21），作为中介的红色构筑物自身是一个无功能意义的雕塑，这一雕塑可以根据具体的需要进行功能的扩充、转变甚至替换。屈米认为，形式和功能之间在时间维度上并非是一一对应的关系，形式为了适应功能在时间维度的变化，本身与功能可以进行分离，其指出："红色构筑物起初被设计成一个园艺中心，然后可以被更改成为一家餐厅，最终可以成为孩子们的绘画和雕塑车间"。

其次，红色构筑物自身的无差别性和重复出现也限定出周围场地的无等级性（non-hierarchical），这一关系允许了整体空间与子空间之间并不需要一种特定的序列和结构来进行连接，可以相互独立地存在和生长。因此，屈米将红色构筑物间距划定为120m，120m×120m的尺度可以很好地容纳多种类型的室外活动，如室外戏剧、游戏、锻炼和其他自由活动。与此同时，42个红色构筑物与周围环境具有较强的可识别性，屈米认为这样的可识别性可以激发主体对空间的使用以及改变[①]。

曲线的电影长廊（Cinematic Promenade）作为另外一个中介遍布了整个公园内部。电影长廊并不是一个永久不变的场所，而是可以根据彼时的需要进行不断的再次更新。在具体分工中，屈米只是规划了该区域的位置，而场地设计尺度则由其他风景园林师与艺术家共同参与完成，因此曲线电影长廊是一个可以允许其他人改变的空间，并随时间可不断发生功能层面的更新。屈米用电影（cinegram）隐喻了这一空间的特征，屈米认为，电影作为一种媒体，其基本的特征是非连续性（discontinuity），尽管构成电影的每一个片段都不相同，但是每一个片段组合起来却可以具有共同的叙事性（图6-22）。

由此可见，在拉维莱特公园当中，屈米不仅有意识地为公园功能的转变预留了空间，并且将公园中的红色构筑物与电影长廊作为两种中介，使得事件可以不断地作用于空间。朱莉娅·泽尼亚克（Julia Czerniak）认为"屈米对拉维莱特公园的理解在一定程度上是对传统公

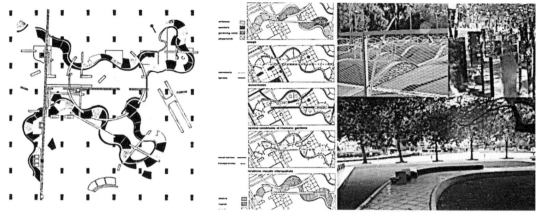

（图6-22）

园的挑战，它将扭转奥姆斯特德时期公园在城市中扮演绿色避难所的角色，转而成为充满密度、拥挤和丰富的城市公园。"客观来说，"事件""中介""空间"三要素的策略虽然具有一定的思想性和前瞻性，但是这一策略需要风景园林师在实践中建立起长期观并形成不断介入的工作方法。然而在拉维莱特公园建成之后，风景园林师并没有参与后来的跟踪、反馈和再设计的环节，致使电影大道成为一种永久性的摆放从而失去了方案的初衷，尽管红色构筑物的功能根据其具体需求发生着更迭与变化（图6-23），但其所控制的120m×120m的空间网格在日后并没有发生实质性的重组与改变。

（图6-23）

---

① 原文：The point grid is the strategic tool of the La Villette project. It both articulates space and activates it. While refusing all hierarchies and "compositions", it plays a "political role, rejecting the ideological a priori of the master plans of the past." （引自：Bernard Tschumi, Cinegram folie: le Parc de la Villette, p81）

图6-21　红色构筑物的空间分布
图6-22　电影大道的范围与特征
［图片来源：伯纳德·屈米（Bernard Tschumi），*Cinegram Folie: le Parc de la Villette*,1991］
图6-23　红色构筑物的演变

6.2.4　观察与思考："弹性建造"策略的提出

在6.2节的3个案例，风景园林师在进行设计实践时尽管具体的方法不同，但出发点却具有一致性，即将城市中的公园视为可以随使用者的诉求变化而不断调整的中间产物，而如何建立起一套具有适应性的空间机制去适应变化是实践的核心。在阿姆斯特丹森林公园的案例中，风景园林师通过预留场地与精细的后续建造实现了这一机制；在当斯维尔公园中，风景园林师提出的"景观群"是一种可适应及可生长的空间策略，这一策略使得公园可以不断满足后续新的需求；而在拉维莱特公园当中，设计师则通过中介、事件的引入将公园从物理层面的建造延伸至情景的产生（表6-2）。

表6-2　　　　　　　　　　　　　　　　　　　　　　　　　　　　　　3个案例的相关信息比较

名称	面积（hm²）	建成时间	建设方式	相应策略
阿姆斯特丹森林公园	875	1928年至今	持续建设至今	分为自然与人工两套系统处理
当斯维尔公园	65	2000年至今	持续建设至今	可生长的"景观群"
拉维莱特公园	55.5	1988年	一次完成建设	通过"事件""中介"进行情景再造

在此，本书提出"弹性建造"策略，这一策略旨在通过灵活的建造以更好地应对建构过程中的不确定性，并将这种不确定性转化为空间形态产生的动力。这一策略在思想源头上借鉴了大卫·哈维的"过程导向乌托邦"理论，哈维在他的著作《希望的空间》中认为仅靠权力与资本所搭建的乌托邦世界是一个排他性的封闭体，并由此提出了"过程导向的乌托邦（process-oriented utopias）"。"过程导向的乌托邦"产生于不同个体的不断建构，并呈现出"即/又"的模糊性。哈维不仅承认了"过程导向乌托邦"的合法性，并认为构建出一套立足于现实并可以满足未来可能性和选择性的机制是应对"即/又"的模糊性的挑战，这一机制由固定机构和空间形态带来基本的保证，也用开放和灵活方法面对新的需求。与"过程导向乌托邦"的批判理论不同的是，"弹性建造策略"以风景园林师的设计活动为视角，具有较强的实践性与应用性。

6.3　"弹性建造"策略的释义

6.3.1　何谓"弹性建造"？

通过具有适应性、灵活性的建造活动，从而更好地适应以及吸纳主体建构过程中的事件性、不确定性、自发性的设计策略称之为弹性建造策略。本书所提出的"弹性建造（flexible construction)"中的"弹性"一词，并非"resilience"（恢复性）以及"elastic"（伸缩性），"弹性"一词所对应的英文单词为"flexible"，强调了策略的灵活性、适应性与可变性。

"弹性建造"具有以下两个含义：首先，该策略承认了过程中的事件性、自发性以及不确定性，并将构成这些特性的物质与非物质要素视为风景园林自身结构不断优化的动力。也正因如此，在这一策略下的建造活动往往不是一次性完成，而是围绕着问题的产生逐步开展的，换言之，弹性建造策略下的风景园林系统是一个开放结构（openness structure）。其次，弹性建造是一种"有限的行动（limited action）"，这一有限的行动试图在现实与未来之间进行平衡，并由此塑造出一个可以不断延展的物质空间。因此，这一策略以最集约的方式实现了经济、生态等多种工具价值。尽管承认了不确定性与短暂性，但是在设计态度上，弹性建造并非是一种被动的跟随（follow），而是一种主动的控制（control），这一控制为未来的发展预留了可能，也对当下的问题进行了回应。

6.3.2 两类结构

如前文所述，风景园林建构过程是由"文本绘制"及"语义填充"两部分共同构筑而成，"文本"是风景园林师通过自身的知识方法及经验判断所建构出整个场地系统中的框架和载体，它使得系统中可变的部分不断发生变化。文本不但可以满足当下的实际需求，也需要为之后的发展留出可能性。而"填充"则来自于使用者的日常性活动，具有自发性和不确定性。"文本"与"填充"是常量与变量的关系，也可以理解为"支撑体（support）"与"躯干（carcass）"的关系。本书所提出的弹性建造策略即是从形态、功能、建造以及材料层面建立起"文本结构"与"填充结构"二者间的联系（图6-24）。

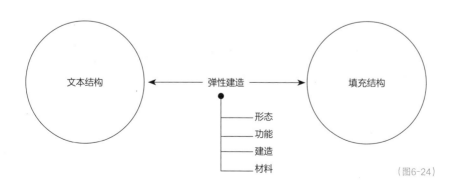

（图6-24）

图6-24　弹性建造与两种结构的关系

第 6 章
场地绿化术之 "弹性建造"

在巴塞罗那Girona镇的郊区公园之中，由于公园的高差较大，因此设计师在公园的垂直方向设置了"静止层"和"变化层"两层空间。静止层主要由人工构筑物组成，主要包括一些高于地面的栈道，栈道所形成高于地面的交通网络利于眺望四周景观，在栈道的周围则设计了供游人停留休息的区域、出入口、观望点等等。"变化层"位于"静止层"的下方，主要由植物系统构成，由于植物不断生长，因此位于下方的"变化层"不断地影响着上层的使用方式，由此形成了整个公园的功能及形态转变。在这个案例当中，恒久不变的栈道即是本书所定义的"文本结构"，而持续生长不断变化的变化层即是本书所定义的"填充结构"（图6-25）。

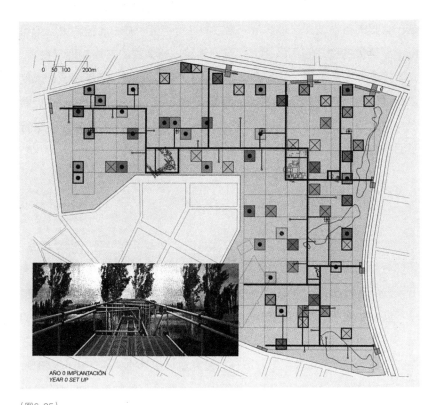

（图6-25）

在藤本壮介（Sou Fujimoto）的作品"终极木屋（Final Wooden House）"中同样可以读解出对"文本"与"填充"的运用。木屋本身是一个4m×4m×4m的盒子，藤本壮介运用35mm厚的木材作为木屋的建造材料，在日本室外坐凳的高度为35mm，而70mm则是日本桌子的高度，藤本壮介选择这一模数的木材作为搭建材料，搭建出一个基本的功能框架，而框架中的具体功能则由使用者通过自身行为进行具体的填充（图6-26）。藤本壮介的案例中不难发现，设计活动的作用在于为主体建构提供支持，并通过主体的使用来进一步完善已有的文本。

（图6-26）

6.3.3　三种倾向

正如前文所说，弹性建造的策略核心在于协调"文本结构"与"填充结构"，在具体的风景园林实践中，弹性建造具有三种不同的倾向，这三种倾向分别为"填充完善文本""文本引发填充"以及"填充形成文本"。

1."填充完善文本"

在这一类型的实践倾向中，文本作为一种基本的物质载体，先于填充结构的产生而存在，这一期间内的文本结构呈现出一种未完成性和开放性，随着填充结构的不断开展，文本结构的功能与形态都被不断完善，并由此增加了新的文本，新增文本与原有文本是一对"茎秆"的关系，前者从一定程度上依附于后者而生长（图6-27）。例如在阿姆斯特丹森林公园中，公园的设施并不是在一个生产周期内全部实施的，最早实施的设施虽然满足了基本的活动需求，但随着使用人群的不断增加以及活动需求的增加，公园内部增加了相应的活动设施。在阿姆斯特丹森林公园中，填充是逐渐完善文本的。相似的情况也出现在当斯维尔公园中，在该案例中OMA事务所首先完成了公园的文本结构，其中包括公园的道路建造以及土壤的清洁等具体工作，而所预留的"景观群"为"填充"不断完善"文本"创造了条件。

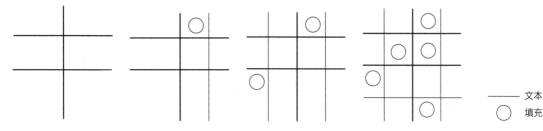

```
——  文本
○   填充
```

（图6-27）

图6-25　Girona镇的双层公园
[图片来源：恩瑞克·巴特约（Enrique bartabout），The Same Landscape]
图6-26　终极木屋的使用方式（图片来源：李若星）
图6-27　"填充完善文本"的发生模式

2. "文本引发填充"

本文自身具有转化成为填充的可能与倾向。在这一类关系中，文本结构与填充结构是一对较为脱离的关系，文本以一种较为完备的外在形态先于填充结构而存在，可以通过对文本局部的改变来激发填充产生（图6-28）。在这一类型的实践倾向当中，文本结构具有较为显性的特征，而后来产生的填充结构则相对较为隐性。例如在拉维莱特公园当中，尽管公园的文本结构在最初的建造周期内全部被实施，但是具有显性特征的红色构筑物仍然存在引发填充的作用与意义。

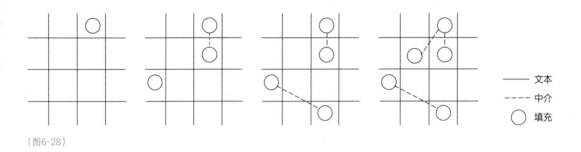

（图6-28）

3. "填充形成文本"

在这一类型的设计倾向当中，文本结构并不优先于填充结构存在，而是由不断的填充逐渐生成（图6-29）。正如维特根斯坦所说："我们一边前进，一边运用并补充着规则"。在这一倾向的设计活动中，设计活动是一种对当下具体问题的应答，这一应答因为从现实中的局部出发，因此在时间的维度下会形成特有的在地性（localization）[①]。与此同时，由于填充的阶段以及内容不同，文本往往呈现出一种杂糅与多元的特征。

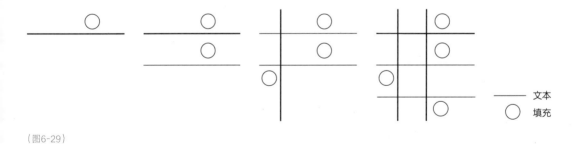

（图6-29）

6.4 "弹性建造"的实现路径

如何适应使用功能的变化是弹性建造策略实现的核心，而建造、材料、形态是实现适应功能变化的3个基本手段（图6-30）。在本节当中，将以此探讨该策略语境下风景园林实践中的功能组织、形态特征、建造原则以及材料特征，由此构建出弹性建造策略的实现路径。

6.4.1　功能组织

1．事件性存在

一般而言，场地的功能决定了其自身的用途。如本书4.3.3节所述，事件（event）是构成场地功能的最小单位，对事件的组织是一种基于时间的组织方式，其意义在于实现多种功能在时间中的叠加。事件是由人、时间、地点这3种基本因素相互组合的结果，具有片段性、延展性以及主体性3个基本特征。也正是因为如此，在事件的组织当中，场地与功能因此不是单一性的投射关系，由事件组成的不同功能可以在同一个场地上发生更替（图6-31）。科纳将这种基于时间维度的功能组织模式称之为"时空生态学（space-time ecology）。"科纳认为在这一模式的组织下，物质性的建造不再是解决功能变化的唯一方式，而通过建立一种可变的、灵活的柔性机制则可以更好地组织出事件的发生与变化。需明确的是，功能的事件性并不意味着设计活动的无效性，相反，针对场地自身的尺度以及事件本身的复杂程度，风景园林师可以制定出不同的应对方法，这类方法并不强调功能与场地之间的线性对应，而是强调了变量的作用，方法本身也具有创造事件的作用。本书将这些方法归纳为"舞台应对""延伸应对"以及"激发应对"，在接下来的章节中将对这3种应对方式进行详细的介绍（图6-32）。

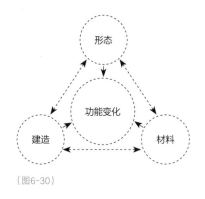

（图6-30）

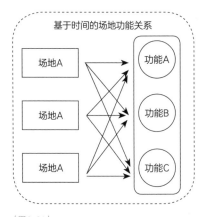

（图6-31）

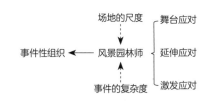

（图6-32）

---

① 在本书7.3节中将对"在地性"一词进行详细的叙述，并通过黄声远的设计实践详细说明如何通过弹性建造的策略形成"在地性"。

2. 舞台应对

这一方法是指风景园林师通过建立出可以容纳事件发生的舞台来进行功能的组织。事件与舞台之间是一对填充于被填充的关系，舞台本身是一种具有灵活性和开放性的文本，也是事件存在的必要保障。例如，在库哈斯1982年提交的拉维莱特公园的竞赛作品中，其构建出一套可以容纳事件发生的文本，从而可以实现场地与功能的自由组织，不仅如此，库哈斯用巴黎街道的尺度（50m宽）建立这一文本，以此希望文本自身可以最大限度地与现实生活发生联系（图6-33）。

（图6-33）

在WEST8事务所1996年设计的Schouwburgplein广场中并没有提供过多的功能设施，而是预留了1.5hm²的使用空间，广场中的路灯可以根据具体的活动进行高度和位置的调整，在这一案例中，风景园林师并没有将广场预设为被固定功能限定的空间，而是将其营造为一个可以容纳不同事件发生的舞台（图6-34）。

（图6-34）

场地转化术：
一种基于风景园林过程性的设计方法

3．激发应对

激发应对是指通过在场地中置入特殊的识别物，从而引发事件的发生。在一些情况下，事件的发生并不是天然的，需要建立出可以激发其产生的条件。藤本壮介认为形态、尺度与场所是激发事件和行为的3个核心要素（藤本壮介，1999）。在妹岛和世（KAZUYO SEJIMA）所设计的劳力士中心中，妹岛通过对地面的起伏处理，形成了空间中的多种事件（图6-35），从妹岛的方案中可以看到，起伏的地面所具有的形态是激发使用者在此进行多种不同行为活动的原因。

在彼得·艾森曼（Peter Eisenman）的作品——犹太人大屠杀纪念碑中，艾森曼放置了2700根0.5m至4.7m高度不等的雕塑体，尽管雕塑群体本身传达出一种空间的纪念性，但不同的使用者将尺度不同的雕塑体转译成为具有不同临时性功能的设施（图6-36）。在该案例中，雕塑所具有的0.5m至4.7m的尺度是激发不同使用者在这里产生多种行为的原因之一。

（图6-35）

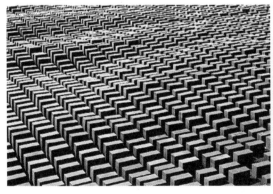

（图6-36）

图6-33　库哈斯所设计拉维莱特公园中的文本结构
[图片来源：伯纳德·屈米（bernard Tschumi），Architecture D'Aujourd'hui，Vol: 225（1983）：73-74，1991]
图6-34　被作为事件舞台的Schouwburgplein广场
（图片来源：http://www.west8.nl）
图6-35　劳力士中心坡地引发的功能
（图片来源：www.ideamsg.com）
图6-36　犹太人大屠杀纪念碑的引发的事件

（图6-37）

4．延伸应对

这一应对方式旨在通过对已有的物质条件进行延伸从而容纳事件的变化。与舞台应对的方法相比，延伸应对强调了填充结构自身的短暂性与片段性，其优势在于不需要搭建出新的设施从而减少了物质的投入。在卡普诺的作品"气球与海洋（balloon and sea）"（图6-37）中，其将现有场地中的一部分进行延伸，并由此作为事件发生的条件[①]。有了该作品位于纽约中央公园，卡普诺在公园内一处面积近400㎡的场地中放置了若干个气球与废旧汽油桶搭建出来的艺术装置，通过这一装置的置入吸引了使用者在此驻足，并由此引发了休息、观望、聊天等多种事件的产生。在该案例中，卡普诺并没有在中央公园做出结构性的改建，而是在其原有空间结构上通过增加临时性的气球和废旧汽油桶，对公园的功能进行了新的延伸。

总而言之，无论是"舞台应对""激发应对"还是"延生应对"，都将场地本身视为可以容纳多种事件存在表面。

6.4.2　形态特征

在弹性建造策略下，尽管场地的形态是一个不断变化的过程，但是其总体呈现出"先消解、后生长"的趋势。首先，文本结构为了满足后期的不断填充，其外在形态是被消解的；而当文本不断被填充之后，获得了新的语义，因此获得了新的变化。这也要求文本结构是一个既具有包容性又具有生产性的框架。怎样的形态可以最大限度地兼顾包容性与生产性的同时存在？

赫曼·赫兹伯格（Herman Hertzberger）认为均质且连续的几何方格网具有最大程度的包容性，他认为："人们对几何网格的误解在于仅仅认为它代表了单调和乏味，而事实上几何网格具有很好的延展性和可能性。"为了说明这一观点，赫兹伯格在其住宅的花园建造中运用了多孔砖，多孔砖是一种矩形的单元构件，其自由的拼装为日后的功能变化提供了灵活性，同时，多孔砖由于中心空隙的存在，可以在日后的使用中被插接入不同的物品从而形成新的意义（图6-38）。

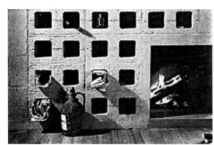

（图6-38）

1. 匀质

匀质意味着非等级化与去中心化，也意味着灵活性与开放性。雅克·德里达（Jacques Derrida）最先在哲学领域中表达出匀质事物所具备的灵活性，他指出事物中结构的等级差异是造成其自身僵化和封闭的主要原因，而匀质则保证了事物整体的灵活性与开放性。乔治·桑塔亚那（George Santyanna）则在他的著作《美感》一书中用"匀质的形式（homogeneous form）"表达了这种匀质的形式给空间的再组织提供了自由度。在具体的场地设计当中，匀质意味着场地当中边界之间的消隐以及场地等级的消失，也可以理解成为场地边界的模糊性，其次，匀质意味着相似的空间单元可以进行进一步的合并，从而满足连续的建造需求。

---

① 原文引自：Art News, 1961, 60 (3): 36-39, 58-62. Reprinted in Allan Kaprow, Essays on the Blurring of Art and Life. Ed. Jeff Kelley. Berkeley: University of California Press, 1993.

图6-37 "气球与海洋"（balloon and sea）
图6-38 单元性多孔砖的灵活使用
[图片来源：（荷）赫曼·赫茨伯格，《建筑学教程：设计原理》，2003年]

在阿姆斯特丹森林公园的案例中，科纳里斯·凡·埃斯特（Cornelis van Eesteren）和贾克帕·马尔德（Jacopa Mulder）在场地中设计了大量的匀质场地，这些匀质场地随着要求的不同被不断赋予新的功能及用途（图6-39）。库哈斯在1982年提交的拉维莱特公园的竞赛方案中，同样存在类似的匀质空间，库哈斯将其定义为带状景观（zonal landscape），带状景观由场地、草坪以及场地等元素共同构成。这一尺度的带状景观具有可以承载多种功能的潜力。

2．并置

如保罗·利科（Paul Ricoeur）所说："过程使空间成为异质要素的综合（Paul Ricoeur，1970）"。在过程的维度下，填充的内容、材料、法则存在一定的误差和变化，因此导致了场地最终形成了并置的形态。这一点尤为体现在台湾建筑师黄声远的设计实践中，黄声远将自己的事务所设立在整个台湾经济相对较为落后的宜兰县。宜兰土壤肥沃，并且渔业资源丰富，人口约46万，面积约2144km^2。在黄声远20年的实践之中，可以看到大量城市广场、公园等设计作品，由于宜兰村尺度较小，其公共空间体系也并非一次建设到位，这些由广场、公园等组成的城市景观是逐渐生长出来的（图6-40）。

对实践项目的连续介入是黄声远最为特别的工作方法，也是形成场地形态并置的原因（图6-41）。客观来说，多次介入的设计工作模式并不是建筑师或风景园林师主观意愿所想去追寻的，而多是现实中诸多不确定的因素所造成的，例如项目经费不到位造成的工程停滞、项目实施过程中由于主管政府没有协调好与民众的关系造成的项目搁置等等问题，然而黄声远和他的田中央事务所并没有因为这样的际遇而无所作为甚至消极怠工，相反的是，他们以一种连续追踪的方式去应对这样的际

遇，当项目被搁置时，他们会利用这个间歇观察环境与人所产生的微妙互动，并将这种互动作为项目下个阶段的设计工作，从而形成空间中新的可能。

　　以黄声远1994~2004年完成的作品——宜兰生活廊道为例，尽管该项目的规模与尺度并不大，但由于在实施过程中财政出现了问题，因此公园本身的建造是一个非连续的进程。十分难得的是，在每次重新开始建设时，黄声远会根据此时此刻的实际需要，修改之前的设计任务书，并由此加入新的设计、材料、建造等活动，通过10年的建造，使得场地产生出自主多样的空间特质（图6-42）。朱涛认为，黄声远对于空间的连续建构是对环境中具体事件以及问题的直面应答，这种应答是一个不断叠加内容的过程，并最终衍生出多样的特质。

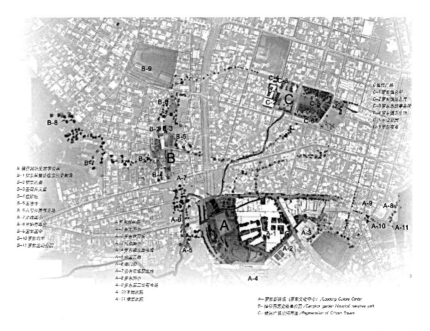

（图6-40）

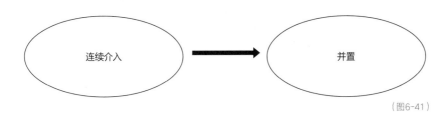

（图6-41）

图6-39　阿姆斯特丹森林公园中的匀质性场地
图6-40　黄声远在宜兰的实践成果
（图片来源：王立正）
图6-41　连续介入于形成的空间并置

（图6-42）

6.4.3 建造方式

1．构件的单元化

将具体构件进行单元化（unit）处理，是弹性建造策略的手段之一，构件的单元化实现了弹性建造中的自由度。通过单元化构件实现设计自由度最早的案例莫过于柯布西耶（Le Corbusier）提出的"多米诺结构（Domino）"体系（图6-43）。该体系将复杂的建筑群体还原成为最为本质的构件，这一构件在满足结构及功能需求的同时对构件本身进行了最大程度的抽象。这一抽象使得使用者可以对构件填充出新的可能。构件的单元化并不意味着标准的单一化，标准可以随着场地中的问题的改变而进行及时调整，调整过程也是单元本身被再次定义的过程。换言之，不同时间阶段中的单元尽管存在着一定的相似性和延续性，但其具有的性能和特征是不断被新的问题及契机迭代更新的。也正是因为如此，构件的单元化并不意味着整体系统的机械与乏味，反而形成了多元与并置。在操作层面，风景园林师可以通过"尺度"与"形态"两个因素对单元构件进行具体控制。并通过对单元之间的灵活组织与改变应对不同时间尺度内的设计问题（图6-44）。

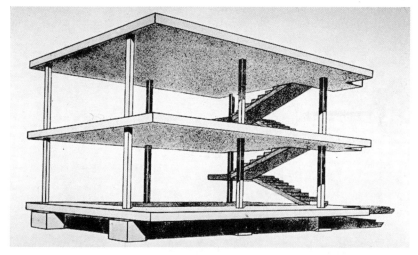

（图6-43）

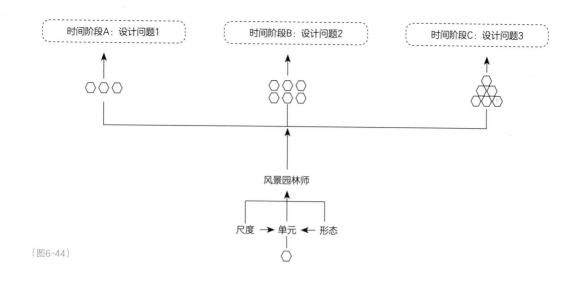

（图6-44）

作为单元化的构件具有以下5个基本特征：

（1）标准化：标准化的单元构件是为了满足基本需求（实用性和适用性）而可以大批量生产的构件。标准化使得构件本身的加工具有了简易性，从而提高了生产组织的效率。

（2）中性化：单元构件从某种意义上是对复杂问题的直接性处理，是应对场地问题的抽象单位，因此其本身是不带有附加符号和意义的中性构件。

（3）轻质化：轻质化意味着材料在满足各类抗性要求的同时，尽可能地满足重量更轻、密度更小的要求，轻质化同时也意味着材料生产过程的尽可能简化。轻质化提高了生产端效率，相同单元的相互拼装同时也为施工建造端提供了便利性和快捷性。

（4）在地化：单元化构件的选择会展现当地的地理、土壤、植物和气候特征。单元本身的反射率、密度、色彩、表面和纹理等特性的不同选择以及特殊的加工方式可以体现出地方性。

（5）再利用化：单元化的构件可以进行反复的使用，由此减少了对现有资源的浪费。

图6-42 呈现出并置形态的宜兰生活廊道
（图片来源：何孟哲）
图6-43 多米诺结构（Domino）
[图片来源：（法）勒·柯布西耶，《走向新建筑》，2016年]
图6-44 构件单元化的运行机制

在巴塞罗那赫罗纳镇Castell D' Emporda酒店的环境设计中，设计方Concrete建筑事务所设计了圆形的顶棚作为单元的原型，并在现有的场地中依照光照条件与场地尺度的不同对这一原型进行大小的变形，最终形成了12个由此原型发展出的顶棚，这12个圆形顶棚尽管源自相同的设计原型，但通过设计师灵活的组织，形成了丰富多样的空间形态（图6-45）。

2. 建造的全周期

全周期建造旨在通过持续性的建造活动实现对场地的连续应答，是一种超越了传统意义上任务书式的设计活动，建造的全周期也是对单元构件的具体执行。对于全周期建造的认识是由来已久的，建筑评论家巴特·鲁茨玛（Bait Lootsma）认为："仅仅停留在图纸绘制的设计过程还不够，设计师需要为项目的实施以及解决那些不尽如人意的开发结果而付出持续的努力"。一方面，风景园林师需要随时对新的问题以及新的契机做出即时的反映，并通过持续的建造来解决问题。另外一方面，风景园林师需要将更多的精力投入到持续的场地研究中。在这一系列的研究问题中，场地中信息变化的获取以及进行相应的设计反馈是最为关键的步骤；而"信息获取-反馈"机制的建立取决于场地本身的尺度与项目的复杂程度（图6-46）。在阿姆斯特丹森林公园与当斯维尔公园的案例中，建设方为了协调好场地信息的变化与反馈关系，分别建立了作为第三方的阿姆斯特丹森林公园有限公司与当斯维尔公园有限公司，公司除了进行公园的维护、运营工作外，获取文化变迁、人口变化等外部

（图6-45）

信息并将这些信息第一时间反馈于风景园林师也是公司的工作内容之一，风景园林师则根据信息进行建造层面的反馈。而在尺度较小的场地当中，由于其总体造价较低，因此需要风景园林师自身对场地进行长期观察并作出相应的反馈。

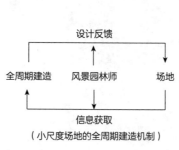
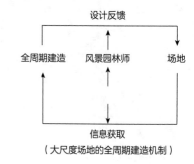

（图6-46）

8

7.1　场地催化术=自然催化+弹性建造

　　设计与研究的最大差异在于面对实际项目（project）的动机以及开展形式。前者需要面对直接的问题并提出具体的解决方案，而后者则需要建立更为完整的自主知识体系。尽管设计与研究泾渭分明，但二者之间并不是极端的两极，而是一种循序渐进的相互影响（Barret，2003）。研究设计具有两个层面的意义：①通过设计研究进一步对方法与知识进行评测、应用、拓展和评判。②通过研究设计明确方法与知识的边界（Bentz，Shapiro，1998）。"大澳渔村棚户区棚头空间演变设计""巴塞罗那恩典区街区景观设计""深圳万科前海企业会馆景观设计"3个研究设计共同组成了本书的实践研究，进一步探讨了自然催化与弹性建造策略的可操作性与局限性。如前文所述，本书所建立的两种设计策略并非是一种孤立或对立的关系，而是针对不同的场地条件予以不同的运用，在设计实践中，往往由于场地自身的复杂性会选择"自然催化+弹性建造"的设计策略（图7-1，文后附彩图）。

　　这3个案例由于场地所处的环境不同，因此在设计策略上会有所差异，"大澳渔村棚户区棚头空间演变设计"由于处在自然条件较为特殊的滩涂地，因此侧重于运用自然催化策略进行研究设计；"深圳万科前海企业会馆景观设计"由于处在城市未建成环境内，包含了自然、人工等多种因素，因此会同时将两种策略同时予以运用；"巴塞罗那恩典区街区景观设计"处于城市建成区内，受到自然干扰的作用较少，接近于纯粹的人工环境，因此侧重于运用弹性建造策略进行研究设计。

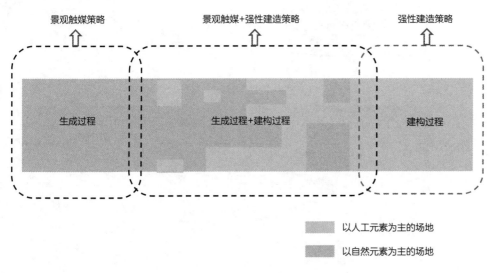

（图7-1）

7.2 实践案例：大澳渔村棚户区棚头空间研究设计

大澳渔村地处伶仃洋与陆地交接的滩涂区[①]。场地中生长了较多的红树林，这一特殊的自然条件有利于风景园林过程的发生与引入，同时大澳渔村作为一个较为稳定的人居聚落，受到外界干扰因素较少，稳定的场地条件为过程的延伸提供了必要的物质基础。因此，本次设计实验选择大澳渔村的棚头空间作为研究对象，旨在通过风景园林过程的引入从而使这一原本较为消极的空间具有审美属性和社会属性。

7.2.1 设计背景

1. 区位概况

大澳位于珠江出口东侧、香港岛的西侧，包括了大屿山以及杨公洲岛两个直属地区（图7-2）。在杨公洲岛与平原地带之间，有一道呈"Y"形的水道穿流而过，当地居民称该水道为"涌"。大屿山位于大澳村的东南部，在水道和大屿山之间是本地特有的盐田和农田，这一区域也是整个渔村地形图中的最低点。由于特有的地理位置，伶仃洋盛产黄花鱼，当地的经济活动与捕鱼业息息相关（Lin Shu yen，1967）。永安街和太平街是村内最早的商业中心，街道上的建筑多以当地的三合土材料建造，并以"前铺后居"的方式布局于街道两侧。大澳渔村目前约有居民3000多人，其中以65岁以上的老人为主。本地居民被称为疍（Dan）民，疍民一半居住于陆地，一半居住于棚屋以及渔船（张兆和，2006）。

2. 自然与人文景观

作为香港现存最为古老的渔村，大澳渔村具有良好的自然景观与人文景观。最具代表性的自然景观是生长在滩涂地的红树林，红树林是由不同科属的植物因为趋近相同而集体生长在滩涂地的植物群落（祝寿泉等，1995）。大澳地区所生长的红树植物主要包括红树（*R. apiculata*）、秋茄（*Kandelia candel*）、桐花树（*Aegiceras corniculatum*）以及红海榄（*Rhizophora stylosa*），其中以红树占主要数量（王瑁，2007）。红树体型较为庞大，其高度普遍在1.5~3m，最高可以生长至13m（王友绍，2013）。同时，红树对生长间距要求较高，一般需要在4.5m以上。

---

① 引自：林茵．街知巷闻：大澳渔港记忆．明报．2013-06-09.

图7-1　两种策略的应对关系

大澳渔村内较为重要的人文景观离不开日常生活的使用，例如：古海堤、棚屋、海鲜集市、渔具集市等。这些日常性的物品记录了大澳村的简单与朴实（文彤，2009）。这其中最具有代表性的人文景观是至今已有200多年建造历史的棚屋（图7-2）。1980年前后大澳地区共有10个不同的棚屋区，分别名为大涌棚、一涌、二涌、三涌、沙仔面、新沙、新基、格仔头、半路棚以及生钓棚。在2000年的一场火灾之后，目前只有新沙、新基、格仔头、半路棚尚存。

　　棚屋面宽3~5m、长度6~10m，除了居住的功能之外也充当着渔民进行作业的补给站。为了避免潮水的侵袭，棚屋会选择在每年水位最高的时期进行搭建与修缮。早期的棚屋大部分由废旧的船只改造而成，在这之后渔民逐渐根据其功能需要搭建出筒形的木屋。棚屋以木桩或石柱为基础，屋顶及墙壁则覆盖了松树皮。在棚屋的建造体系中，每一间面向海的部分都有一片平台，当地人称之为"棚头"（图7-3），棚头不但具有晾衣和纳凉等日常性的基本功能，同时也是棚屋邻里之间的公共空间（图7-4），棚头促使居住于棚屋的居民形成较为亲近的邻里关系（陆华胄，2012）。

（图7-2）

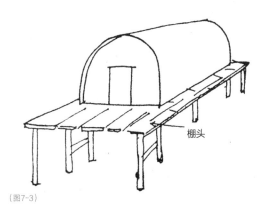

棚头

（图7-3）

（图7-4）

场地催化术：
一种基于风景园林过程性的设计方法

7.2.2 设计策略

1．设计目标：缝隙空间的转变

如前文所述，渔业与盐业在本地的经济活动中占有非常重要的地位。在盐业最为鼎盛的时期，晒盐场的面积占了整个渔村面积的一半[①]。也正因如此，大量的滩涂地被本地的晒盐活动改造成为晒盐区，由此导致位于渔村中心河道的水位线自1980年至今一直不断降低，水位的降低使得棚头与水面的缝隙空间愈加增高，局部地区的滩涂地甚至完全被暴露（图7-5）。长久以来，棚头与水面之间高度从2.5m到3m不等的缝隙空间仅仅充当着停泊船只和堆积杂物的功能，其自身的潜力并没有被发现与发掘。然而，随着河岸线的不断降低，使这一空间愈发变高，也就意味着这一空间具有了转变的可能（图7-6）。不仅如此，棚头作为渔村特有的公共空间，承载着本地疍民的公共生活，从现有条件来看，棚头由于其面积较小，目前已经无法满足本地疍民更多的日常需求。因此，如果可以对其下侧的缝隙空间进行一定程度的改造，使之成为棚头空间的延伸，则可在一定程度上改善本地疍民的公共生活。除此之外，缝隙空间也是渔村水陆之间的交通空间，对于这一空间的改造设计也可以改善渔村水陆之间的交通。因此，将位于棚头下方的缝隙空间转变成为一个具有多重意义的场所是本次设计实验的目标。

2．设计策略：红树生长过程的引入

如上文所述，河道水位线的逐渐降低导致了夹缝空间的高度始终处于不断的变化之中，设计对象的这一不确定性决定了无法用一种常规的、线性的方法进行应对，而需用动态的、变化的方法。本次设计选用红树的生长作为场地中的"自然催化"，通过在缝隙空间中嵌入红树的生长这一自然过程，启动和引发场地的变化。

选择红树的生长作为"自然催化"有以下几点考虑：①作为一种热带植物，红树不仅可以生长在泥土中，也可以生长在水中（图7-7，文后附彩图），因此具备了在缝隙空间这一水陆兼有场地中生存的可能。②红树是大澳渔村中的一种现有资源，就地取材的态度从一定程度上节省了各方面的成本代价。③红树根部因为特殊的形态特征具有了一定的观赏性（李春干，2004），给位于缝隙空间的人们增加了观赏活动。④缝隙空间在垂直方向的不断增高为红树生长的过程创造了环境条件。

本书选择渔村西南侧的新沙棚屋区作为此次方案的具体设计地段（图7-8）。这一地段总面积约4500m²，棚屋约3800m²，位于室外的棚头总面积约700m²，其中1号棚头360m²、2号棚头110m²，3号棚头230m²。尽管这一地段中的3个棚头面积本身并不很大，但是3块棚头空间连接了较多的棚屋，并且自身的形态较为完整。因此选择这一地段的3个棚头以及其位于棚头下方的缝隙空间作为设计实验开展的场地。

---

① 引自：吕烈．大屿山．中国香港：三联书店，2002.

图7-2　大澳村的棚屋
[图片来源：廖迪生、张兆和．大澳．中国香港：三联书店（香港）有限公司，2006]
图7-3　棚头与棚屋的关系
[图片来源：廖迪生、张兆和．大澳．中国香港：三联书店（香港）有限公司，2006]
图7-4　作为公共空间的棚头

（图7-5）

（图7-6）

（图7-7）

场地退化术：
一种基于风景园林过程性的设计方法

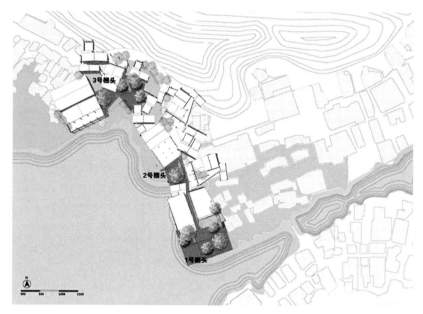

(图7-8)

7.2.3　设计过程

1. "弹性树钵"策略

红树的生长与缝隙的变化是两种不同驱动力产生的结果,因此也显示出不同的变化周期。因此,对二者连接的实质是对这两种变化周期的连接。本次设计提出了"弹性树钵"这一装置对红树的生长与缝隙空间的变化进行连接。在装置与棚头之间,通过设置5个滑轮组与金属缆绳将两者相互固定(图7-9)。滑轮组在此有两个作用:①固定了装置与棚头并允许装置的下沉;②当装置受到红树生长的驱动力而膨胀之后,可以通过人工的调节使装置下落,并由此来协调红树生长与缝隙空间变化的关系(图7-10)。在变化方向上,在滑轮的控制下装置是一个不断下降的过程。

为了使装置本身逐步从棚头下落至缝隙空间,首先对棚头进行开洞处理,洞口大小为边长6m的正五边形。洞口不仅可以满足装置与红树的下落,同时也具有以下3个其他功能;①边长为6m的五边形洞口可以容纳红树树冠的冠幅,从而满足红树的生长需求;②洞口附近设置了楼梯,使缝隙空间与棚头建立起交通联系;③洞口让光线进入了缝隙空间,改善缝隙空间的采光。

图7-5　被暴露的河道以及岸线的降低
图7-6　不断变高的夹缝空间
图7-7　红树林根部在水中生长的状态（图片来源：Frankie Leo）
图7-8　新沙棚屋区的平面

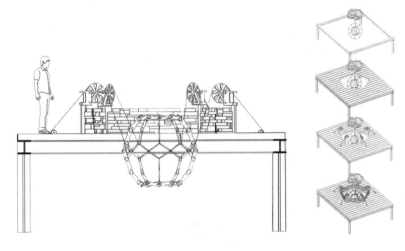

（图7-9）

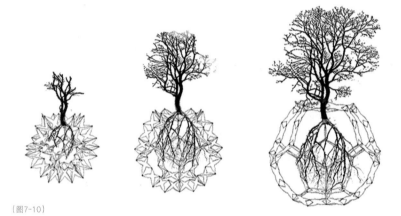

（图7-10）

（图7-11）

场地催化术：
一种基于风景园林过程性的设计方法

为保证使用者的安全，在洞口周围设置了高1.1m的护栏，护栏本身由500mm×200mm×50mm的灰色沉积岩建造而成。作为岩石的一种类型，沉积岩的硬度较小并且吸水性较强，因此容易吸收潮湿空气中的杂质而发生颜色的变化，这一特征在一定程度上加强了场地的变化属性。由沉积岩建成的护栏在局部做20~50mm不等的错缝处理，这一处理使光线以"斑点"的方式进入缝隙空间，增强了缝隙空间采光的趣味性。

由于红树兼备了湿地植物与森林植物的特点，因此是浮游动物、底栖动物以及鸟类的共同生境，其中包括了青蛙、七星瓢虫、秋沙鸭和琵鹭（何斌源等，2007）。因此，在这一阶段会在场地中引入不同的物种，使得场地中形成完整的共生系统（图7-11）。七星瓢虫与秋沙鸭在这里具有景观调节催化的作用。与此同时，大型水藻类植物往往因为压迫红树的根部从而阻碍红树的生长（王欣等，2014），因此在场地中水陆交接地带用岩石和铁丝网设置了障碍物从而保证海藻类植物不对红树的生长构成威胁。生态链的建立既确保了红树这一核心自然过程的连续也保证了场地的自我生长及更新。

2."弹性树钵"的模型模拟

为了验证"弹性树钵"的可行性，分别对这一可变结构进行了图解模拟以及实体模型模拟。图解模拟的核心在于通过数字模型的建立，对变化的过程进行可视化分析。这一过程不是简单地图纸绘制，而是建立一个函数关系，从而较为精确地对结构体的变化进行形态的模拟。具体来说，这一过程有以下4个步骤：①输入原始的正十二面体边线作为基本的框架；②输入球体，控制球体半径，将正十二面体的边线投影到球体，形成可以缩放的框架；③依据图解将缩放后的十二面体边线变化为两组互相交叉的线段；④交叉线段的角度依据球体半径的大小而改变，形成变化的单元（图7-12）。

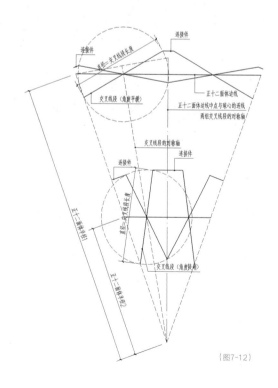

（图7-12）

图7-9 "弹性树钵"整体结构
图7-10 "动态树钵"的生长方式
图7-11 在场地中引入的七星瓢虫和秋沙鸭
图7-12 "弹性树钵"的原理图解

在实体模型模拟中，笔者分别用长6cm的木质杆件以及透明气球替代了原型中1.2m的杆件以及可膨胀的透明聚乙烯膜，杆件之间同样通过铰接进行连接。在此基础上，对模型内的气球不断灌入气体，由于球体的不断膨胀，由6cm长杆件相互铰接而成的模型在受到了球体膨胀的作用力后会逐渐张开。模型中空的部分从最初的直径4cm可以不断地被扩张到28cm（图7-13）。实体模型的变化过程较为真实地模拟了"弹性树钵"在红树生长作用下的变化趋势。

3．"弹性树钵"的建造特点

"弹性树钵"是一个在红树生长作用力下可以发生变化的装置，这一装置由红树、杆件构成的树钵、半透明的聚乙烯三者构成。在这三者当中，红树自身的生长构成了整个装置变化的驱动力；由杆件相互铰接构成的树钵承担了整个装置的结构功能；半透明状的聚乙烯作为一种围护材料不仅具有防水、防腐蚀等特优点，同时其半透明性的特征也可以使位于缝隙空间的疍民观赏到红树的根部。用聚乙烯材料作为植物生长的容器已有先例，MVRDV事务所在2000年汉诺威世博会设计的荷兰馆中，运用半透明的聚乙烯作为植物生长的容器（图7-14），聚乙烯材料的容器在满足其他基本功能的同时还具备观赏植物根部的这一特殊功能。

在建造体系中，由杆件铰接构成的结构体是最为复杂也是最为重要的部分，结构体由36根长1.2m的杆件构成，形态上则由10个5边形构成，五边形最大边长可以扩展到2.4m。杆件之间采用单侧铰链连接，单侧的铰接使得36根杆件在红树树根生长的方向可以发生最大程度的转动，从而使得装置具有在2.5m与5.6m之间缩放变化的可能性（图7-15）。

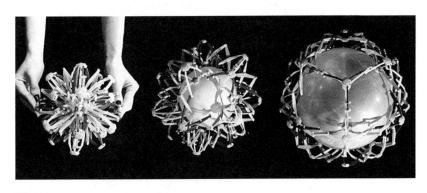

（图7-13）

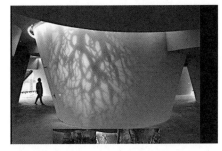

（图7-14）

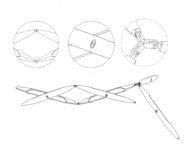

（图7-15）

7.2.4　设计成果

1．设计近景

缝隙空间是一个不断变化的空间，很难用一个确定的图示说明其具体的形态及功能，为了更好地说明空间的变化，设计成果可以分为近景与远景两个阶段。在近景阶段中，由于河道的水位较高、缝隙空间中的陆地面积较少，因此主要的公共活动发生于缝隙空间上方的棚头，并通过将"弹性树钵"这一装置嵌入棚头与缝隙空间之间，使得这一原本被遗忘的空间重新回到了疍民的视野当中（图7-16，文后附彩图）。疍民对缝隙空间的重新认同是这一空间在远景阶段发生多种类型活动的先决条件之一。

尽管陆地面积较少这一客观条件导致了这一阶段的缝隙空间无法为本地的疍民提供过多的活动空间，但从另外一个方面来讲，较少的使用人群使得空间具有了一定的私密性，因此更适合开展一些较为安静和私密的活动类型，其中包括钓鱼、观赏红树根生长、划船、对谈等活动。在洞口同时设置了净宽为1.8m的楼梯，楼梯不仅对上下空间进行了交通上的联系，在没有人流通过时也可以转变为停留空间（图7-17，文后附彩图）。

（图7-16）

（图7-17）

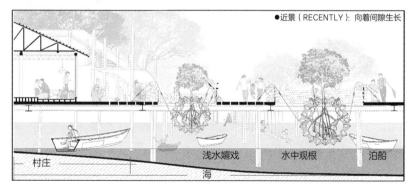

图7-13　"变形树钵"的1：50实体模型
图7-14　MVRDV运用聚乙烯材料设计的植物根部容器
（图片来源：http://www.mvrdv.nl/）
图7-15　杆件之间的铰接构造设计
图7-16　近景阶段的空间景象
图7-17　近景阶段的活动类型

2. 设计远景

在远景阶段，随着岸线的降低，缝隙空间的高度会相对增高，从原有的2.5~3m增加至3.5~4m，河岸的陆地空间也会由此增加。这时的缝隙空间具备了大量人群进行公共活动的条件。在这一阶段需要通过合理的人工介入，对滩涂地适当地铺设草本植物以及铺地，从而将其逐步转变为可以供人活动的场地。在铺地材料的选择中，同样采用了建造护栏所选择的灰色沉积岩，这一材料与水分之间的相互作用形成了铺装本身的色相变化。

可以预想的是，随着红树的不断生长，这时的"弹性树钵"自身体积发生了不同程度的变化，由于一些红树长势较为良好，与其相配对的树钵也会膨胀至最大（中心直径约为5.6m球体）。对于这类树钵的处理，首先需要人工将聚乙烯包裹体进行回收，并将结构体与红树本身进行分离，最终将红树重新栽种于土壤中保证其后续成长。而结构体本身则可以保留并根据此时具体的需求进行不同程度的改造，从而焕发出新的功能与用途（图7-18，文后附彩图）。

通过自然的演变与适当的人为介入，空间中原有较为私密、安静的活动类型逐渐转变为人数较多、公共性较强的活动类型，甚至可以开展一系列的亲水活动。从一定程度上讲，此时缝隙空间与棚头具有一定的相似性，也可以认为是棚头的延伸，这一延伸不仅是对棚头空间予以了面积上的补充，同时也拓展出草地欢聚、水边亲树等新的活动类型（图7-19，文后附彩图）。

(图7-18)

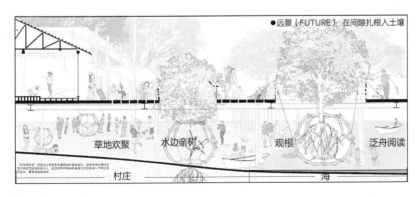

(图7-19)

如5.3.2节中所说，在基于过程的风景园林实践当中，景观的外在形态是一种"半确定性"的存在，这一点在本次设计实验中也有同样的体现，"弹性树钵"是一个不断变化的形体，但变化的极限却被限定在2.5~5.6m，同时本设计运用了沉积岩这一容易与环境因子发生相互作用的材料作为场地后期的铺装材料以产生形态特征的变化。其次，场地的建造本身是一种以点带面、逐步扩展式的建造，这一建造方式很好地适应了场地中功能的不确定性。

通过这一实践，也同时得出以下3点新的思考：①对于风景园林过程的认知需要清晰地判断出其背后的驱动力是什么，本次实践中最主要的驱动力是红树自身的生长与河道岸线的逐渐降低，在此基础上需要勾勒出不同驱动力下过程所产生的现象（表7-1）。②如前文所述，基于风景园林过程的设计实践在很多情况下是通过对单一过程的引入、控制与改变进而影响场地本身。本次设计实验借助"动态树钵"这一装置，对不同驱动力下的过程进行连接，显然这一连接是一个"一加一大于二"的结果，使得场地产生出不同的语义。③在设计过程中，验证了自然过程不仅依赖于自然要素的作用，适当的人为介入也是必不可少的。换句话说，"自然催化"与"弹性建造"在某种程度上是一对互补的设计策略。

表7-1   过程与现象

过程	现象
红树生长	装置逐渐膨胀
河岸岸线降低	缝隙空间逐渐增高
引入青蛙、七星瓢虫、秋沙鸭和琵鹭	建立完整的共生系统
重力	装置逐渐下落至缝隙空间
灰色沉积岩作为局部建造材料的运用	沉积岩与水分发生作用产生色相变化

7.3 实践案例：巴塞罗那恩典区（Gràcia）街区景观研究设计

笔者在本次研究的过程中，获得去往西班牙加泰罗尼亚理工大学建筑学院（ETSAB）进行为期半年的访学机会，在这期间经过米克尔·维达尔（Miquel Vidal）教授的引荐，有幸参与了巴塞罗那恩典区（Gràcia）街区景观设计。作为建成环境中的景观设计，该案例具有以下典型特征：首先，在设计任务书中，恩典区的街区相关管理者并不要求街区景观本身具有常规意义上的永久性，而是需要景观本身具有临时性的特征，从而可以适应每年的需求变化。设计活动的初衷与本书所提出的"弹性建造"设计策略具有一定的可匹配性。其次，该项目是普遍意义上的城市街道景观，其形态、功能、建造甚至材料都来自于日常生活之中，街区景观本身也是日常性空间的延伸，这样的普遍性使得研究设计的方法与成果具有一定的普适性与应用性。同时，恩典区的街区景观设计活动延续至今已有67年，为检验最终的设计成果提供了有利的条件。综合以上考虑，巴塞罗那恩典区街区景观设计项目与本文所探讨的理论相匹配，因此作为设计研究的实践案例之一。

图7-18 远景阶段的空间景象
图7-19 远景阶段的活动类型

7.3.1 设计概况

1．设计背景

由于良好的气候条件以及独特的文化氛围，巴塞罗那的居民很热衷于不同形式的户外活动。在1859年由著名规划师塞尔塔[①]（Idefons Cerda）对巴塞罗那进行的新城规划中，规划了数百个不同的街区，这些街区承载着不同类型的室外活动，是城市生活中最为重要的公共空间之一，并形成了整个巴塞罗那特有的城市肌理（图7-20）。1890~1940年是巴塞罗那最为迅猛的城市建设期，城市人口增加至100万，街区内建筑密度的强度从原有的50%提高至77%。也正是因为如此，作为公共空间的城市街道需要承担更为多变的室外活动功能。为了避免大规模改造带来的物质浪费，时任的决策者更愿意采用一种灵活与弹性的方式去应对这种外在的不断变化。

恩典区通过临时性的策略对区内街道进行景观设计便是在这一时代背景下产生的。确切来说，街区景观的设计是以"一年"为周期的设计与建造活动，包括了街区景观设计建造以及景观的展示两个步骤。其中设计建造需要花费整整6个月的时间，而展示只有短短的一个星期（图7-21）。为了激发本地居民参与到街区景观设计的活动中，恩典区政府邀请加泰罗尼亚地区著名的建筑师与设计师作为评委，对所有街道的街区景观作品进行评选。并将获奖作品中的局部构件存放于恩典区的市政厅作为纪念品予以保留。

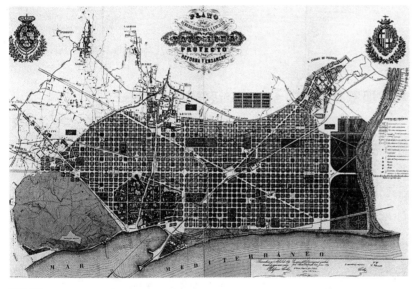

（图7-20）

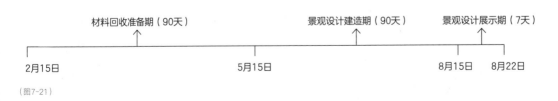

（图7-21）

适地候化术：
一种基于风景园林过程性的设计方法

图7-20 塞尔塔对巴塞罗那的新城规划
（图片来源：Cereda ciudady Territorio）
图7-21 街区景观设计的时间线

采用临时性的策略去设计街区景观具有物质与文化两个层面的意义。在物质建设层面，这一策略避免了全部推倒重建带来的破坏，并使得原有的城市肌理、空间形态、邻里和社区关系得以延续[2]。在文化层面，20世纪40年代是生产型工业社会到消费型后工业社会的转变时期，这个时期内各个生产领域虽然产生了令人眼花缭乱的工业文明成果，但也对个体的日常生活产生了异化[3]作用。个体情感被机械化的生活所磨灭（Walter Benjamin，1930）。街区景观设计与建造的主体是街区的居民，让居民参与街区的景观设计和建造，在一定程度上会消除他们因日常机械工作而产生的乏味，并建立起相互之间的情感联系。与此同时，街区景观从一定程度上展示和重温了恩典区特有的文化特征，使得本地居民获得了特殊的社会认同与集体记忆。

恩典区位于巴塞罗那（Gracia）的市中心（图7-22），其东南西北四个街道边界分别为格雷西亚大街（De Gracia）、赛利亚街（Vallcarca）、拉塞尔街（Grassot）以及圣萨里亚街（Sant Gervasi）。从历史上来看，恩典区建于1626年，从建区起恩典区一直是一个独立的自治区（independent municipality），随着19世纪巴塞罗那扩建区（L'Eixample）向北部的蔓延与生长，恩典区于1897年被划定成为巴塞罗那市的一个区（district）。在西班牙国家研究所2005年的人口统计中，恩典区总人口约有12万[1]。区内居住人群较为多元，不仅有在此一直居住生活的原住民，很多加太多尼亚地区的青年艺术家、作家以及导演也常年居住在这个区域进行相关的艺术创作。由于恩典区的建筑大多为19世纪之前所修建，因此其特有的历史文化气息也吸引了很多外来移民居住于此。在恩典区内随处可以看到餐馆、酒吧、露天广场等室内室外公共空间。虽然在实际的人口普查数据当中，老年人口占有更大比重，但恩典区散发着一股年轻人的气息。恩典区的街道内同时还坐落着几座在当地很有人气的广场，包括太阳海岸广场（Plaça del Sol）、德里乌斯广场（Plaça de Rius）以及德拉广场（Plaça de la Virreina）。

---

① 塞尔达被西方城市规划学界誉为是现代城市规划的奠基人之一，塞尔达19世纪中期对巴塞罗那进行的城市规划为巴塞罗那后来150年的城市发展奠定了基础。（引自：Urban History as clue for designing the cities today: The case of Barcelona and its Grid Plan of Cerdà，Joan Busquets）
② 引自：周晓娟. 西方国家城市更新与开放空间设计. 现代城市研究，2001，（1）:62-64.
③ 德文"entfremdung"的意译。指主体在一定的发展阶段上，把自己的素质或力量或其他方面从自身分离出去，变成某种外在的、异己的、与自己对立的东西。"异化"是一个既表示这种转化过程，又表示这种转化结果的概念。卢梭等人在研究"社会契约说"时已使用这个词，并初步有了异化的思想。但是，只有在德国古典哲学中，特别是在黑格尔和费尔巴哈的哲学中，"异化"才成为一个专门的哲学术语，并由此得到充分的论述。黑格尔是第一个把异化概念作为自己的哲学基本概念的哲学家。他不仅给"异化"作了哲学上的规定，而且借助于异化和异化的扬弃来构造他的哲学体系。（引自：刘建明. 宣传舆论学大辞典. 北京：经济日报出版社，1993：529-530）
④ Gràcia is a district of the city of Barcelona, Catalonia, Spain. It comprises the neighborhoods of Vila de Gràcia, Vallcarca i els Penitents, El Coll, La Salut and Camp d'en Grassot i Gràcia Nova. Gràcia is bordered by the districts of Eixample to the south, Sarrià-Sant Gervasi to the west and Horta-Guinardó to the east. It's numbered District 6. In 2005, Gràcia had 120, 087 inhabitants, according to the Instituto Nacional de Estadística.（The history of Gracia, 2011）

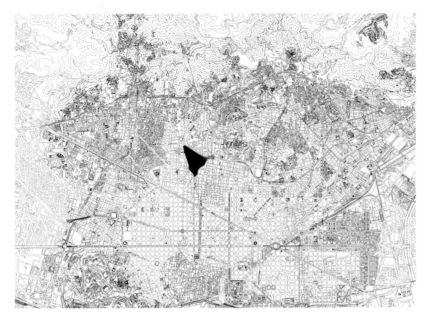

(图7-22)

2．历史发展

街区景观设计最早起源于1948年，至今已举办了67次。尽管街区景观是一种临时性的存在，但由于其特殊的文化属性1997年被西班牙文化部列为国家级文化遗产。1948年在第一次的街区景观建造活动中，Sant Pere Màrtir街道的作品"BORN"（出生地）成为当年最引人注目的作品，由于当时正处于第二次世界大战后的重建时期，很多恩典区的本地人仍然处于流亡的状态，该作品重新唤起流亡人群对恩典区的回忆以及向往（图7-23）。在该作品的创作当中运用了很多战时被摧毁的建筑废旧原料[①]。

1949年，太阳广场的大型临时性帐篷成为当年最受关注的设计作品。在20世纪初期，恩典区的Festa Major 同时一起出现过八个类似的无顶帐篷。帐篷下方可以容纳30人左右活动的空间，而在广场的周边，邀请了5组不同类型和不同内容的音乐演出者进行相关的演出，音乐演出作为一个添加的事件类型，增添了空间的多元性和复杂性[②]（图7-24）。

1950年，街区景观引入了评奖机制，恩典区组委会邀请了当时来自巴塞罗那大学艺术学院的3位教授作为评委对所有作品进行了评选，比赛的奖金为一等奖3500 比塞塔、二等奖3000比塞塔、三等奖2750比塞塔、四等奖2500比塞塔、五等奖2000比塞塔以及6个500比塞塔奖金的次等奖（低等奖）。在所有的作品当中，Llibertat街道（自由街）中的作品"布满花朵的兰布拉大道"成为当年的一等奖作品[③]（图7-25）。

受到恩典区的象征符号"钟塔"的启发，Les Guilleries 街道于1951年在钟塔所在地Rius Taulet 广场上设计了一座装饰性钟塔，钟塔高约13m，所用的材料为泡沫塑料。在街道一点透视的指引下，该作品的尺度与真实钟塔十分接近。在当年一等奖空缺的情况下，该作品获得了当年的二等奖[④]（图7-26）。

（图7-23）

（图7-24）

---

① 原文：El guarniment del carrer de Sant Pere Màrtir l'any 1949 convidava a viatjar arreu del món, però a retornar sempre a casa, al "Born". A la darreria dels anys quaranta encara hi havien graciencs que, víctimes de l'exili, no podien retrobar-se amb el "Born" de la Fest.

② 原文：Envelat descobert a la plaça del Sol l'any 1948. El pianista, d'aparença romàntica i amb els cabells engomats, feia joc amb l'ornamentació "florentina" del sostre inexistent amb els galants de pel·lícula de reestrena que s'esperaven per convidar una noia a ballar.

③ 原文：Costa molt, certament, diferenciar aquesta simulació de la Rambla de les Flors de la realitat de l'emblemàtic passeig barceloní. Amb aquest decorat, el carrer de la Llibertat va guanyar el primer premi de l'any 1950. L'any 1953, la dotació econòmica dels premis va ser aquesta: el primer, 3500 pessetes; el segon, 3000; el tercer, 2750; el quart, 2500; el cinquè, 2000, i així fins arribar als sis accèssits de 500 pessetes cadascun.

④ 原文：Impressionant i fidedigna reproducció del campanar de la plaça de Rius i Taulet al carrer de Mozart, a pocs metres de l'original, que li suposà el segon premi. El carrer de les Guilleries també s'inspirà aquell any 1950 en el símbol de la vila.

图7-22　恩典区的区位
图7-23　1949年街区景观代表作品（图片来源：加泰罗尼亚城市档案馆）
图7-24　1948年街区景观代表作品（图片来源：加泰罗尼亚城市档案馆）

（图7-25）

（图7-26）

塔地绿化术：
一种基于风景园林过程性的设计方法

图7-25 1950年街区景观获奖作品
（图片来源：加泰罗尼亚城市档案馆）
图7-26 1951年街区景观获奖作品
（图片来源：加泰罗尼亚城市档案馆）

在1955年的作品评选当中，Venet Mercade 街的作品"白色的黑夜"成为当年的二等奖，该作品的拱门以及其外装饰暗示着1940年前已经消失的生活习俗和审美倾向。为了更好地唤起来访者的情感体验，该街区的设计者邀请来访者穿上当时的着装[①]（图7-27）。

当地的童话故事也是街区景观设计的构思来源，1955年Ramón y Cajal街的作品"一只扫楼梯的老鼠"来源于当地流行的童话故事。在作品中，回收到的两架报废的公共汽车成为整个街区景观街道收尾最为重要的节点，该作品被评为当年的一等奖[②]（图7-28）。

芒特玛尼街道（Montmany）的作品"蜘蛛与蝴蝶的幻想"赢得了1957年的一等奖。该作品用金属构筑了一座跨越整个街区的轻型结构体，该结构体内部嵌入了本街区各个住户自行制作的长约1.2m的蝴蝶型工艺品。在该作品的尽头放置了一座钢琴，来访者可以根据自身的参观感受以及兴趣爱好进行相应的弹奏，音乐演出的介入更加丰富了来访者对于街区景观的感受[③]（图7-29）。

在1961年的作品评选当中，Progres街道的作品"葡萄藤"赢得了第一名，与之前的作品不一样，该作品在街道两侧的建筑墙壁上安装了一系列的高约3m的竹制构件作为葡萄架，并种植了葡萄，供来访者进行参观和品尝。街道中心设置了一座直径4m的喷泉，该喷泉同时具有浇灌葡萄的功能[④]（图7-30）。

1963年初，西班牙整个国家有近30万台电视机，众多的电视节目比如"星期一之友（Amigos del Lunes）""大站台（Gran Parada）""休息日（Dia de Fiesta）"等成为西班牙国内家喻户晓的节目。几乎所有的民众都对电视这个新的媒介感到好奇。在这一背景下，Bruniquer街道将电视节目作为该年街区景观设计的主要表现素材并最终获得了一等奖[⑤]（图7-31）。

1965年，恩典区的祭祀活动为街区景观增添了一份宗教的色调，当时的恩典区区长Alfons Bernat，邀请了雕塑师约瑟夫·凯瑞尔（Josep. M. Camps i Arnau）制作关于圣母的雕像。由于雕像非常高，Alfons Bernat指定相关工作人员为圣母下方增加了木质的移动祭坛，将其转变成为一个可移动的景观在恩典区进行活动游行[⑥]（图7-32）。进入1960年代中期，街区景观进入了前所未有的创作困难期，这期间并未诞生出较为出色的作品。

---

① 原文：Tota l'arcada d'aquesta " Noche en Blanco" del carrer de Venet Mercadé l'any 1955, es pot observar tot el costumisme d'una època perduda ja en la nit dels temps. Vestuaris i actituds evoquen una certa nostàlgia.

② 原文：El guarniment del carrer de Ramón y Cajal de l'any 1955, inspirat en el popular conte de " la rateta que escombrava l'escaleta", és un dels més ancorats en la memòria popular col·lectiva. S'endugué el primer premi.

③ 原文：Amb " Fantasia de arañas i mariposas" al carrer de Montmany va guanyar el sisè premi l'any 1957. En primer terme, un tricicle, avui peça de museu, i al fons, l'empostissat amb el piano, un instrument que no podia faltar, malgrat que ja en aquells anys prenia força en els carrers " el disco solicitado", que permetia, per unes pessetes, dedicar i escoltar una cançó escollida prèviament.

④ 原文：Aquesta singular parra va ser la que, l'any 1961, va fer guanyar el primer premi al carrer de Progrés i la que mesos més tard va demostrar l'existència d'un mercat de compra- venda i reciclatge de decorats de la Festa Major, la demanda dels quals, en alguns casos, ha existit fins als nostres dies.

⑤ 原文：A principi de 1963, al país hi havia uns 300.000 televisors. Programes com Amigos del Lunes Gran Parada, Dia de fiesta, Bonanza, Bronco, Rin-tin-tin i Perry Mason aplegaven, moltes vegades en bars i tavernes de Gràcia, famílies senceres encuriosides per aquell nou fenomen. Aquest fet va inspirar el guarniment d'aquell any del carrer de Bruniquer.

⑥ 原文：Joaquim Masdexexart, arxipreste de Gràcia, va demanar un to més espiritual per a la Festa i per aquest motiu es va sol·licitar el preu d'una Mare de Déu a l'escultor Josep. M. Camps i Arnau. Com que era molt elevat, el regidor Alfons Bernat, responsable també dels serveis funeraris, va destinar per a la talla alguns taulons dels que servien per fer els taüts. L'any 1965, la Verge de Gràcia va fer un periple pels carrers engalanats.

（图7-27）

（图7-28）

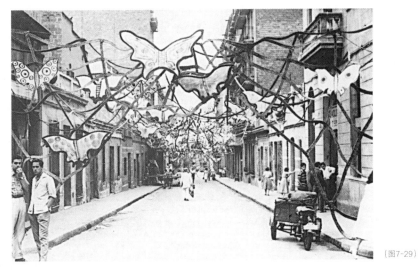

（图7-29）

（图7-30）

（图7-31）

图7-27　1955年街区景观作品"白色的黑夜"
（图片来源：加泰罗尼亚城市档案馆）
图7-28　1955年街区景观获奖作品"一只扫楼梯的老鼠"
（图片来源：加泰罗尼亚城市档案馆）
图7-29　1957年街区景观获奖作品"蜘蛛与蝴蝶的幻想"
（图片来源：加泰罗尼亚城市档案馆）
图7-30　1961年的街区景观获奖作品
（图片来源：加泰罗尼亚城市档案馆）
图7-31　1963年的街区景观获奖作品
（图片来源：加泰罗尼亚城市档案馆）

1970~1975年是佛朗哥（Francisco Franco）独裁的最后几年。在这一时期政府并没有给予街区景观建设充足的建设资金，使得街区景观设计进入了最低谷的时期。为了避免这个传统活动的消失，恩典区的组织者将成本较低的音乐活动作为整个街区景观的重点。在Progres街道中两步舞（ballroom dance）成为活动的主题（图7-33）。也正是从这时起，街区景观从原本重视设计和建造的倾向转向了重视民众的参与和活动①。

1976年，随着民主的时代的来临，街区景观逐渐恢复了以往的节日的氛围。Fraternitat 的街区景观获得了1976年的一等奖（图7-34）。恩典区推动了街区景观在北区的活动，甚至在位于北区的Virreina广场上搭起了多顶帐篷。同年，在筹备组委会的组织与安排下，加泰罗尼亚演员协会和独立团体音乐团在希腊剧场（Teatre Grec）联合组织了8场演出，演出的每张门票的价格为50比塞塔，凭借艺术演出获得一定的经济收入首次出现在街区景观的建造当中②。

在街区景观设计后的活动类型中，总是能看到传统游戏的身影。这一点在1981年的街区景观中尤为体现（图7-35）③。1981年8月19日，巴塞罗那报社发表了一篇名为《今日，如果时间允许，恩典区将重现斗牛环》（*Avui en dia, si temps ho permet, zona gràcia apareixerà plaça de toros Sortija*）④的文章。该文章认为街区景观为那些被现代生活所遗弃的传统文化活动建立了可存在的物质载体，该报纸的观点从另外一个角度说明了街区景观具有历史再现的潜在功能。

（图7-32）

（图7-33）

场地强化术：
一种基于风景园林过程性的设计方法

图7-32　1965年街区景观的代表作品（图片来源：加泰罗尼亚城市档案馆）
图7-33　1970~1975年街区景观的代表类型（图片来源：加泰罗尼亚城市档案馆）
图7-34　1976年街区景观的获奖作品（图片来源：加泰罗尼亚城市档案馆）
图7-35　1981年街区景观的代表作品（图片来源：加泰罗尼亚城市档案馆）

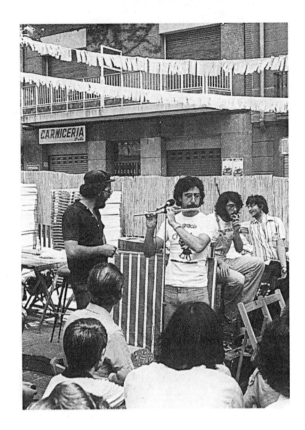

(图7-34)

(图7-35)

① 原文：Transcorren els anys, es modifiquen els costums, evolucionen les músiques i també els passos de ball. Era l'època més baixa de la Festa, mentre la dictadura es desinflava lentament. Pasdoble i minifaldilla compartien nit al carrer del Progrés, l'any 1973.

② 原文：La democràcia havia arribat i els ciutadans recuperaven, a poc a poc, el domini pacific i festiu dels carrers. Potser va ser tot un símbol que fos el carrer de la Fraternitat el que guanyés el primer premi de l'any 1976 L'any 1976, l'Associació de Veïns " Vila de Gràcia" va donar una empenta a la Festa Major dinamitzant la part nord amb el seu original i, fins i tot, atrevit " envelat" a la plaça de la Virreina. Aquell mateix any, l'Assemblea d'Actors i Directors i l'Assemblea de Grups Independents programaven el Teatre Grec `76 amb vuit actuacions en aquesta plaça al preu mòdic de 50 pessetes l'entrada.

③ 原文：Els jocs infantils sempre han estat presents a la Festa Major. El 19 d'agost de 1827 el Diario de Barcelona publicava: " Hoy, si el tiempo lo permite, habrá en el pueblo de Gràcia juego de sortija". Amb els anys, jocs tradicionals, com el de la fotografia de l'any 1981 al carrer de Verdi entre Providència i Martí, s'han mantingut.

④ 斗牛环是南美洲的拉普拉塔河地区传统的高卓人所进行的一项运动。这项活动后来流传至西班牙小镇胡安的梅诺卡岛、意大利撒丁岛以及岛奥里斯塔诺村。(引自：维基百科)

在1982年的街区景观设计当中对传统节日中的元素进行了运用。节日元素是一个老少皆宜的艺术符号，可以引起来访者更多的话题。因此在这一年的街区景观当中，可以看到传统加泰罗尼亚节日中的巨人（gegant）、手杖舞（sardana）、火龙（la passejada el drac）等元素[①]（图7-36）。1990年代初，西班牙国家的整体经济发展较为良好，恩典区政府因此也获得了较大金额的财政支持，这一阶段的街区景观中，我们可以见到很多投入较大建设资金的作品，Ciudad Real街道的作品"圣家族教堂"获得了1994年街区景观一等奖，这一作品高达15m，建造耗时4个月，主体采用钢筋混凝土结构，由于体量巨大这座景观日后的拆除工作花费了几乎与建造同样的费用，这也成为日后被诟病的主要原因[②]。1997年，恩典区的街区景观设计节被宣布成为西班牙国家级的文化活动，这一年的街区景观设计也成为此项活动举办以来最为隆重的一次，在这一年的作品中，Puigmarti街道的作品名赢得了该年的一等奖。Puigmarti街道也是近30年该比赛的最大赢家，总共获得了10次一等奖、6次二等奖以及4次三等奖[③]。

（图7-36）

图7-36 1982年街区景观的获奖作品
（图片来源：加泰罗尼亚城市档案馆）

7.3.2 设计过程

通过对比恩典区不同历史时期的街区景观设计活动，我们不难发现具有灵活性与适应性的应对策略使得场地本身可以根据经济、审美、文化等诸多因素的变化而做出适时的调整。在接下来的章节中，笔者将以自身参与的Le Perla街道景观设计为例，进一步阐释"弹性建造"策略的操作方式。

1．空间策略

Le Perla街道宽约17m，步行活动区域宽约10m，是所有街道中步行活动空间最充足的区域。笔者因此选择Le Perla街道进行具体的街区景观设计（图7-37）。

作为一种临时性的景观，在Le Perla街区的景观设计中，需要尽可能减少作品与地面长久固定设施，这样更有利于后期的迁移与拆除。同时，街区景观作为一种街区自身的延伸，其自身的功能不能阻碍交通等街道本身的基本功能。综合以上考虑，将设计活动的重心放在不与现有市政基础设施发生冲突、不与现有功能发生冲突的区域之中，这些区域位于街区建筑周围的外侧（图7-38），约占总街道面积的¼。

如7.2.3章节中所述，弹性建造的核心是协调场地中的文本与填充，在该项目当中，由于场地自身的完备性以及设计任务书中对景观的临时性诉求，采用"填充形成文本"策略更为适合。街区景观是居民参与设计与建造的活动，居民的设计建造即是对文本的填充，而风景园林师的任务是更好地控制、管理、协调填充行为的发生，并通过自身的设计知识以及设计经验对居民的设计建造进行指导。一般来说，参与每条街道设计的志愿者人数在20~30人不等。志愿者并不是全职的，工作时间一般从晚上7点至晚上10点，志愿者在整个设计活动中不是固定不变的，而是随时可以加入或退出，志愿者的不断流动意味着可以有更多的本地居民参与到景观设计活动中，这也符合街区景观设计的本身诉求之一：即通过景观设计的参与形成居住人群之间的接触与往来。

---

① 原文：Al llarg dels anys la Festa Major de Gràcia s'ha anat enriquint amb els elements característics d'una festa tradicional. Així, a més dels gegants, bastoners, sardanes, etc., també comptem amb el correfoc i la passejada del drac de Gràcia. Aquesta és la sortida que va fer el drac, l'estiu de 1982, per la plaça de Rius i Taulet.

② 原文：Probablement, ni el mateix Antoni Gaudí la distingiria del treball original. L'any 1994, el carrer de Ciudad Real apostà fort per les obres del geni de l'arquitectura i s'emportà el primer premi, després de deixar moltes hores de feina voluntària i una suma important de diners en el guarniment.

③ 原文：Amb la geganta Llibertat en primer terme, el magnífic guarniment d'un planter de maduixes, al carrer de Puigmartí, va ser el guanyador del primer premi l'any 1997. Aquest carrer ha estat un dels més guardonats dels darrers trenta anys, amb deu primers premis, sis de segons i quatre de tercers.

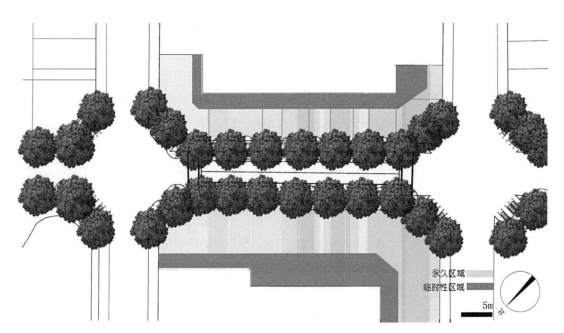

（图7-37）

永久区域
临时性区域

5m

北

（图7-38）

场地绿化术：
一种基于风景园林过程性的设计方法

2．组织策略

　　笔者认为，在弹性建造策略中，需要以一种全周期的方式对场地进行设计与建造，这一点在Le Perla街区景观设计中具有很好的体现，由于街区景观的使用周期较短，所以全周期的建造活动具有较强的可实施性。在这个较短时间的全周期中，风景园林师需要组织与协调街区景观设计筹备组委会（Sección Zona de Gracia Comité Preparatorio）与志愿者进行设计工作（图7-39）。组委会负责建造资金来源、安保措施部署、街区清理、作品评奖4个方面的工作。用于街区景观建造的资金主要有两个来源：恩典区政府出资与部分当地企业资助。组委会根据参与的街道长度和规模对其分配相应的资金补助，具体金额在2500欧元至4000欧元不等（表7-2）。在Le Perla街区内，政府的资金补助为3000欧元，作为最大的赞助公司，巴塞罗那本地星牌啤酒（Estrella Damm）公司为Le Perla街赞助了1000欧元。组委会并不对景观设计的功能、形态、文化主题、材料选取做出过多的干预。作为主导街区景观设计的设计师也来自于志愿者，组委会在所参加建造的18条街道中将具有一定的艺术教育基础的志愿者挑选作为街区风景园林师，如建筑师、画家、平面设计师等。在笔者参与设计的Le Perla街道中，设计师为平面艺术背景的迭戈·鲁迪格（Diego Rodrígue）。设计师需要每2个星期对筹备委员会进行相关工作进展的汇报。

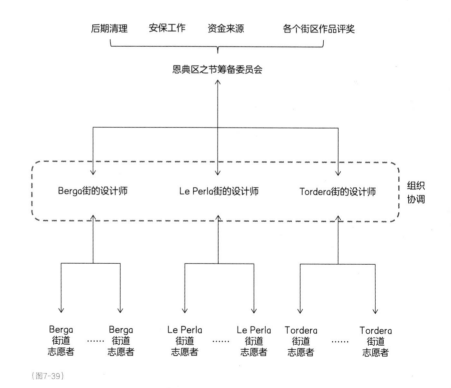

（图7-39）

图7-37　Le Perla街道平面图
图7-38　Le Perla街区景观中的重点设计区域（图片来源：康茜）
图7-39　风景园园林在组织关系的中的位置

表7-2　　　　　　　　　　　　　　　　　　　　　　　　　　　街区景观设计的街道名称及相关情况

街道名称	志愿者人数	资金耗费（欧元）
Berga	20	3000
Camprodon	18	2800
Ciudad Real	24	3100
Fraternitat de Baix	36	3500
Joan Blaques de Baix	33	3000
Le Perla	27	2500
Llibertat	22	2500
Mozart	19	2500
Vila de Gracia square	36	3500
Rovira Trias square	33	2800
Providencia	19	3000
Puigmarti	22	2900
Tordera	21	2500
Verdi del Mig	26	2500

3．材料策略

材料获取是整个街区景观设计的第一步，也是最为关键的一步。在这个过程中负责人会与志愿者进行不定期的沟通，沟通的目的在于通过现有的材料来确定街区景观设计的构想。街区景观设计的材料除了相关必备的连接材料、结构材料和工具材料以外，其余用材均来自回收的废旧材料。在笔者所做的街道设计中，回收材料占整体材料的70%（图7-40）。之所以使用回收材料，存在以下3个原因：首先，回收材料可以更好地节约建设成本，使得具有临时性的街区景观具有经济层面的可持续性。其次，通过回收材料进行的再设计往往会产生出人与物之间的情感。美国未来主义作家阿尔温·托夫勒（Alvin Toffler）认为，一次性物品在社会中的广泛使用意味着产品的工具属性会逐渐替代情感属性，人们在丢弃一次性使用物品的同时也丢弃了与物品之间的稳定关系和情感依恋。另外回收材料的使用也具有一定的环保教育意义。

（图7-40）

为了满足建设要求，材料的获取周期总共需要3个月。材料回收通过以下两个途径进行：①与恩典区内的大小超市合作，获取其产生的包装垃圾、运输废料等可以再利用的废弃物。②在每年过完圣诞节后，各个街道志愿者对居民平时生活中的生活废料、可再利用垃圾进行一定的收集和积攒，并将其放置于每个街道特别设立的材料存储站。为了保证此项工作的进度安排，设计师在每两周的汇报时需向组委会说明回收材料的主要种类及具体数量。

在完成材料回收后，筹备组委会将召集各个街道交换其回收到的材料。材料交换具有两方面的意义：首先避免了材料的均质性带来设计作品的雷同，其次使得现有回收材料得到了更为有效的利用，避免了局部的材料浪费和紧缺。材料的回收需要一定量的积累，量的积累使得原本的非标准材料具有了一定的共性从而便于下一步的单元化建造。与此同时，对所收集到但并没有在此次街区景观设计中使用的材料进行贮存，以便下一个设计周期的使用。在笔者所参加的Le Perla街道景观设计中，通过3个月的收集，主要收集到的材料包括从居民手中所收集到颜色不同但大小近似的矿泉水瓶、大小与颜色均不一致的酒瓶盖以及从周围超市收集到的鸡蛋盒等材料。为了实现这些材料的相互衔接和固定，因此购买了水泥、铁丝、螺钉等材料作为固定材料（表7-3）。

表7-3   回收材料名称及其用途

所用材料	来源	用途
塑料布	购买	覆盖材料
塑料瓶	回收	连接材料
酒瓶盖	回收	连接材料
废旧报纸	回收	外表面材料
鸡蛋盒	回收	外表面材料
松果	购买	连接材料
塑料泡沫	购买	外表面材料
颜料	购买	粉刷材料
水泥	购买	结构连接
彩色塑料纸	回收	外表面材料
气球	购买	装饰材料
纸箱	回收	外表面材料

图7-40 不同类型的回收材料

第7章
低碳绿化本下的研究设计

4. 建造策略

在完成材料获取后，进入建造过程。建造过程总共3个月，是整个景观设计中最核心的一个步骤，建造的过程包括了以下步骤：

（1）回收材料评估：对收集的材料进行数量评估，是保证街区景观设计的基础工作之一。笔者作为参与者与研究者，在这个阶段通过与Le Perla街道的设计师Diego Rodrígue进行沟通，将收集到的数量最多的矿泉水瓶以及瓶盖作为此次景观设计可以进行单元化的材料。

（2）设计方案商议：方案的设计并不是由设计师决定的，而是与参与者共同商议的，也正是因为如此，概念方案的商议是一个不断反复的过程，笔者所在的Le Perla街区进行了为期23天的方案商议。需要说明的一点是，尽管街区景观的设计具有自下而上的特点，并不需要经过专业的图纸绘制工序，但是在最初的概念讨论和后期的节点建造过程中，局部草图及节点的绘制仍然是不可或缺的步骤（图7-41）。

（3）材料的加工与制作：将单元化材料进行加工和制作是最为漫长的步骤。在该步骤当中，志愿者最初的工作是各自独立的，经过一定的加工制作后，将其阶段性的工作成果进行相应汇总。针对不同建造单元加工难度以及安装难度，对志愿者进行工种的分类，年长者与儿童通常参与材料捡取、分类、初级加工等较为简易的工作，而青年男性则负责安装、拆卸、组装等难度较大的工作。志愿者的工作时间根据建设周期的紧张程度不同有所浮动，在最初的一个半月平均每天在2个小时左右，之后的一个半月日平均工作时间在4个小时左右，最后的一个星期也会出现每天工作7~8小时的情况。

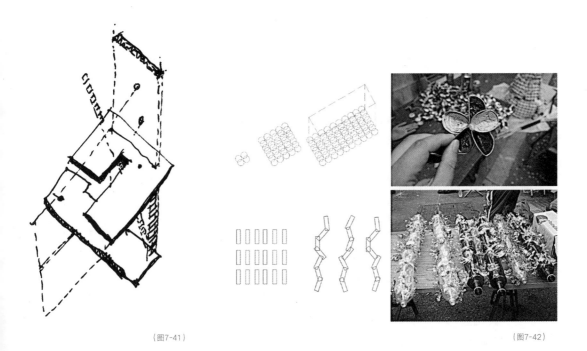

（图7-41）

（图7-42）

单元化的构建并不意味着形成构件的单一性，这一点在笔者Le Perla街道景观设计中更是如此。由于我们采用了一种可以允许错误产生的非标准建造方式，这种方式既不要求单元之间衔接的无缝，也不要求单元之间衔接方式的统一，唯一的要求是相互之间可以固定，笔者为此提供了3种标准做法，志愿者可以在此基础上进行自我的发挥。有趣的是，由于不同的志愿者采用自己更为擅长或喜欢的工艺进行单元之间的具体建造，反而为构件的产生增加了一种微妙的手工艺情趣（图7-42）。

本雅明认为，当代的工业文明使得艺术家以一种"非在场"的方式传播艺术作品（如书籍、影像等），而传统手工业是以一种艺术家"在场"的方式传播艺术作品。在场受到了一定的空间限制，交流范围在小规模群体之间，如部落、村庄和街区。街区景观设计并非机械工业下的标准建造，而是一种手工艺的非标准建造。参与者、志愿者和设计师以本雅明所说的"在场的"工作方式进行景观的建造。在场的艺术传播建立起其特殊空间氛围。准确来说，这种氛围形成于志愿之间无意识下的交流。

7.3.3 设计成果

整个区域的街边宽度在8~15m不等，大部分街道的功能是非机动车道，这也为街区的景观建造提供了较为良好的条件，街区景观除了具有展示的功能以外，也具有其他共性的要求，作为地中海气候城市的巴塞罗那，其年均温度最高出现在每年的8月中旬。因此遮荫避阳成为必不可少的一个功能。在笔者的实际调研中，18个街区与广场中有16个进行了临时性遮阳棚的设计与建造。可以说，遮阳棚是整个街区景观设计的母题之一，这一母题不仅具有实际的功能作用，并且通过不同颜色和细部上的处理，使得大小和长度类似的每个街道具有了一定的可识别性。而遮阳棚的下方，在满足交通的基本功能下志愿者作为街道景观的使用者和设计者，可以根据自身的功能诉求和审美倾向搭建出属于自身的景观。在笔者参与的Le Perla街道景观设计中，志愿者运用本街区的单元化构件分别搭建出了可以满足摄影需求的反光景观、可以进行室外餐饮的临时性桌椅以及可以攀爬植物的钢丝廊架（图7-43）。

（图7-43）

图7-41 设计过程中的草图
图7-42 回收酒瓶盖以及可乐瓶制作的装饰物与构件
图7-43 Le Perla街道的街道景观设计

能够参与恩典区街道景观设计对笔者的研究来说不仅是一次应用研究成果的机会，更是一次学习的机会，所收获的内容远大于自身输出的内容。同时也回答了笔者在此次研究中的一个思考：如果设计活动仅仅围绕设计师自身的偏好而展开，而不为使用者的改变留有余地，是否只会使得原本鲜活有趣的栖居空间成为设计师用来自我陶醉的麻醉剂？相反，如果能建立某种有效的机制，是否可以将普通人的喜好与诉求纳入空间的使用之中，将普通人的智慧与工艺嵌入空间建造之中，将普通人的情感与记忆置入场所之中，是否可以使得原本被消费及商业碎片化的空间重新焕发出人文的活力？毫无疑问，恩典区街道景观的设计实践回答了以上两个问题。具有"半组织性①"的街区景观设计活动使得作为日常生活空间的街区不断焕发出新的语义与活力。

7.4　实践案例：深圳万科前海企业会馆景观研究设计

作为一个8年协议的BOT②开发项目，深圳万科前海企业会馆在开发建设时所面临的问题与挑战具有一定的普遍性，即如何协调当下的需求与未来不确定。在建成8年之后，前海区政府根据当时的需要对场地本身的用地性质进行转变，这一操作模式的意义在于利用最小的建设成本去应对未来的不确定性，也便于未来的产业转型与升级。在这样的建设背景下，如果仍然以一种常规的方法和建造模式去设计场地，或许可以为场地带来桃花源式的美好，然而这种美好在面对8年之后的不确定性时只会显得苍白无力甚至成为场地发展的阻力。换句话说，此次设计实践所面临最为直接的挑战是场地本身的变化与不确定，本书所提出的设计策略即是对这一问题的直接应答。因此，本次研究选择前海企业会馆景观设计作为设计研究的案例之一。

7.4.1　设计背景

1.　区位背景

项目位于广东省深圳市南山区的前海区域，前海具有良好的交通条件和发展潜力，占地规模约1500hm²，从地理位置来看，前海地区是珠三角与港澳地区进行多种商业合作的重要窗口。在2006年深圳市政府批准的《深圳2030城市发展策略》中，提出前海地区以城市中心服务体系为主。在2007年编制的《深圳市城市总体规划（2007~2020）》中，同样将前海地区作为深圳未来发展的中心，在此次总体规划的土地政策中，明确提出"前海地区的土地可以采取租赁、合作、抵押等多种方式进行灵活利用"（张源，2013）。2009年开始，此区域被中央政府和深圳市政府定义为未来"大珠三角"经济特区的一个启动点。2010年8月26日，国务院批复同意《前海深港现代服务业合作区总体发展规划》。

为此，深圳市政府对前海区域进行了一系列的城市设计竞赛，引起了国际上广泛的重视。2010年詹姆斯·科纳带领的fieldoperations景观事务所获得了前海区域城市竞赛的第一名。在科纳的方案当中，科纳定义了水利基础设施、公共交通基础设施、公共活动空间等5条线性空间作为整体区域的空间结构，在此基础上引入了不同级别的路网和公共走廊，以此鼓励慢行活动，除此之外，方案本身提供了具有很强可识别性的滨水景观与建筑单体（图7-44）。在科纳城市设计的基础之上，深圳市政府决定将2条滨水空间之间约12hm^{2}的地块作为整个区域第一个开发区域，此区域的功能定位以办公为主，局部增加商业配套。也正是因为如此，此次开发项目被命名为"前海企业会馆"，并由深圳万科股份有限公司负责企业会馆具体的开发建设。2013年6月中旬，以清华大学朱育帆老师为核心的设计团队受到深圳万科有限公司的邀请，参与前海企业会馆项目的景观规划设计，笔者作为团队的一名成员也有幸参与了此次实践工作。虽然该项目的功能定位为办公，但是企业会馆作为前海开发的第一个启动项目，在未来的发展具有一定的不确定性。因此，作为该项目最终业主的深圳市政府并没有采用一步到位的建设策略，而是采用了一种分步骤的策略，先将基地中的一部分作为前期开发。这一策略的优势包括了以下几点：①降低了前期开发的资金费用；②局部用地的开发建设，可以为后期整个开发带来一定的关注度和人气，这次开发建设也具有一定的"用地预热"效应；③增加了未来开发的多种可能，避免了单一功能开发过度的危机；④减少了后期管理、维护的资金成本。深圳市政府与本次项目的直接开发方深圳万科集团采用了BOT的合作模式[3]。深圳万科集团获得自项目立项（2013年7月）之后8年（2021年7月）的开发所有权，该开发权具体包括了经营维护和使用。也正是因为如此，开发商需要在接下来不到6个月的时间内完成该项目展示区（1.2hm^2）的建设（图7-45）。

① 正如本书之前所叙述，街区景观设计是恩典区政府主导下的全民参与活动，其性质具有自上而下的组织性与自下而上的参与性，因此本文在这里用"半组织性"一次描述了街区景观设计的基本特征。

② 利用商业或私人资本兴建具有公益性的基础设施的融资方式。BOT即建设（Build）、经营（Operate）和移交（Transfer）。BOT采用以下方式进行具体运作：政府与公司就建设项目签订协议，由该公司进行项目的设计、筹资和建设。在双方商议的时间范围内，公司通过对项目的经营收回投资；协议期满后，项目无偿移交给政府。（引自：中国社会科学院经济研究所，刘树成.现代经济词典.南京：凤凰出版社，江苏人民出版社，2005：1321）

③ 在我国当前的城市基础设施建设当中，由于涉及较高的资金建设和系统工程。因此在2003年建设部颁发的《公共事业民营化管理条例》当中，明确了民间资本可以进入城市基础设施投资。在具体的模式上，以BT（Build-Transfer）模式、BOT（Build-Operate-Transfer）模式、PPP（Private Public Partnership）模式为主导。这一类型项目的具体原理是政府拥有该项目的产权，而民间入驻资本享有该项目的经营权，通过一定时期的经营得到了经济利益之后再将此项目交还于政府。[引自：冯冠胜.民间资本介入城市基础设施建设的思考.技术经济，2006（03）：44-46]

（图7-44）

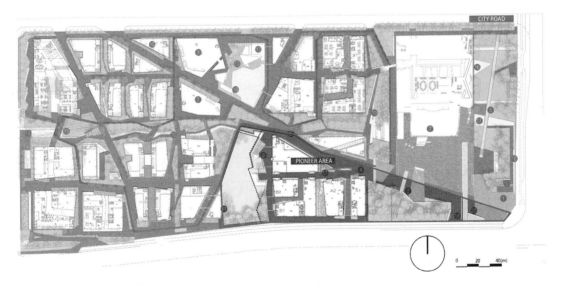

（图7-45）

2.场地信息

展示区位于整个企业会馆的东南方位,从上位规划中,展示区内包含了3栋3层高的办公建筑,在一期用地的东北侧,规划了整个一期建设中最为重要的公共建筑——前海特区馆。这3栋办公建筑被北侧的陡坎和西南侧的水塘所环抱。对场地进行历史信息的读解会发现,展示区场地的形成过程与深圳城市形成过程有着一定的相似性。二者都从最早功能上的渔村,通过围海造田和产业升级而逐渐形成空间的质变。通过对历史图像信息的还原,可以看到场地所处的位置北侧在2002年时都是海水(图7-46)。而场地中现有高2.5m的陡坎在过去实际是周围渔民为在此作业而修建的一道堤岸。陡坎在东西方向贯穿了整个场地,与靠近场地西南侧的低洼水塘构成了整个场地中最为重要的空间信息(图7-47)。在展示区的西南侧至今仍然有以水产养殖业为生的原住民生活在这里,而随着土地性质的转变,周围长久以来所依赖的养殖业将不复存在。可以说,水产养殖业的存在、发展甚至是消亡是场地中最为重要的文化信息。

(图7-46)

(图7-47)

图7-44 前海区域的城市设计方案
(图片来源:www.fieldoperations.net)
图7-45 展示区与企业会馆整体园区的关系
图7-46 场地的历史演变过程(图片来源:郭湧)
图7-47 场地现状2.5m高的陡坎与低洼水塘

3．目标与策略

在拿到任务书并进行完现场调研之后，设计团队对所需要应对的核心问题进行了重新定义，即：前海企业会馆作为一个使用周期只有8年的公共景观，这8年究竟意味着什么？我们是在这里绘制一幅美丽的乌托邦景象？还是采用以过程为导向的设计策略让这个物理上只有8年寿命的公共景观更具有多个维度的价值和意义？乌托邦的景象虽然美丽，但是其建设和维护需要投入更多的财力和物力，不仅如此，一个物理生命周期只有8年的公共景观，进行这样的投入显然是非理性的。

因此，我们对核心问题进行了重新定义，这些问题具体包括：①如何对场地中存在的历史信息通过设计手段予以转变成具有积极意义的空间信息，并将这一信息进行延续？②如何通过技术的手段使企业会馆景观在建成后可以最大限度地减少人工能量的输入？③如何最大程度协调"建设-再建设"之间的功能矛盾和经济矛盾？④如何将物理存在只有8年的公共景观转变成一个连接历史与未来的空间载体？

7.4.2 设计过程

1．场地设计

现场中平均深度约2m的池塘和北侧高2.5m的陡坎是整个基地中空间信息的主要载体，如若不从空间构建的语境考虑，转而换为从开发建设成本的角度出发，毫无疑问，对这二者最大程度的保留和利用是最为节省的办法。从空间的角度出发，陡坎成为整个一期展示区的空间边界，这一边界将展示区从原本空旷的尺度中进行了有效的界定，使展示区的尺度更具有了内向性的可能、而西侧池塘长边约60m，短边约25m，无论从节约开发成本还是从空间本身丰富性的角度出发，保留场地中原有的陡坎和池塘都是一个很好的选择。

因此，整个展示区在功能结构上可以分为三个区域：位于西侧的滨水区、位于北侧的高地区以及位于南侧的广场区（图7-48）。滨水区作为最为开阔的部分，设计团队在不破坏池塘自身结构的情况下，对其岸线进行了丰富化的处理，包括增加了部分滨水台阶、水景等设施，这样的处理使池塘具有了亲水活动的属性。在陡坎区则增加了可以斜向穿越陡坎的坡道，坡道不仅增加陡坎空间的丰富度，同时也具有散步、慢跑的功能。作为一个对外开放的园区，企业会馆的景观具有一定的公共性，因此在南侧的广场区域以硬质铺地为主，硬质铺地可以更好地满足不同类型的室外公共活动，并且为园区内部工作的员工提供了很好的交流场所（图7-49）。

在植物材料的选择上，我们选择了广东地区的生产性植物作为骨干种植材料（图7-50）。生产性植物的种植意义有：首先，生长性植物多为快速生长植物，如本次实践中所运用的椰子（*Cocos nucifera*）、向日葵（*Helianthus annuus*）等，因此可以满足快速建造这一需求。其次，生产性植物因为其果实会吸引一定种类的鸟类、昆虫等其他生物物种，这样在一定程度上可以建立起场地的生态群落链，为8年后重新栽种的慢生植物提供良好的生物多样性基础。同时，生产性植物的造价较之其他类植物要低，也为开发建设本身节省了成本。

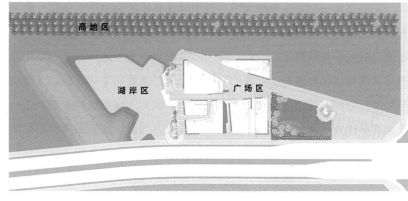

（图7-48）

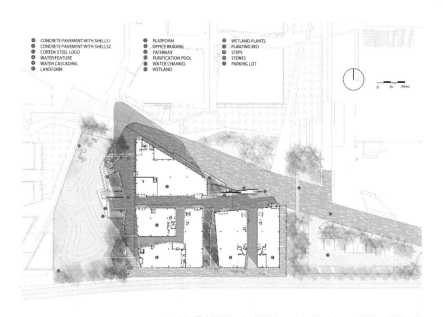

（图7-49）

（图7-50）

图7-48　展示区的景观分区
图7-49　展示区的景观分区（图片来源：魏方 绘）
图7-50　展示区内种植的生产性植物

深圳作为一个多雨季的城市，雨水洪峰期间的瞬时雨水量是一笔很好的自然资源，如果可以将雨水转变成补给池塘的水源，毫无疑问会节省后期的维护管理费用。因此，我们通过设置埋藏于地下的生态净化池对周围的地表径流进行了收集和净化，并通过暗管将净化后的雨水传输至池塘，同时对建筑屋顶的雨水也进行了一系列同样原理的收集，这一系列的举措为池塘进行了很好的水源补给，为园区景观的后期维护极大地节约了成本。中心水景与池塘之间相互联系成为一套系统，在该系统中，中心水景作为一座高约7m的跌水，具有一定的曝气功能。

　　如果作为常规的风景园林设计实践，在完成以上的工作后则意味着此次设计活动的基本结束。显然，本次设计实践的内容远不止如此，在风景园林过程的实践语境下，场地的功能以事件化的方式进行组织与再组织。并提出了"舞台应对""延伸应对"与"激发应对"3个不同的设计策略进行具体的功能组织；而构件的单元化和建造的全周期则实现了建造中的有效性与灵活性。当然，由于设计对象自身的条件的不同，风景园林师会选择不同的设计策略进行具体运用，在下一节中将进行详细解释。

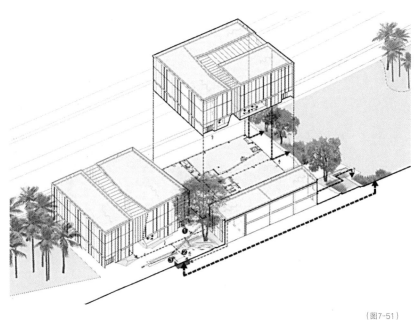

（图7-51）

2．延伸应对

延伸应对旨在通过对已有物质条件进行拓展，从而容纳不同事件的发生，这一方法具有组织性的特征，强调通过组织来实现场地对功能的不断适应。这一方法的优势在于不需要搭建出新的设施从而减少了建设的再投入。在本次设计实践中延伸应对是通过设计方、业主方、第三方共同参与来实现的，设计方提出组织方案，在经过业主方认可之后邀请第三方进行具体的工作。设计团队通过深圳万科集团的引荐，与深圳本地的艺术家组织建立了联系，选择了这些艺术家最具备代表性的30件作品放置于展示广场中，并在每个周末策划艺术节活动，使得艺术家与来此参观艺术品的人群可以近距离交流。艺术作品的置入与节日活动的策划不仅可以实现场地功能的组织，同时也具有一定的社会意义。深圳的总人口1300万，其中流动人口占995万，而户籍人口只占305万。流动人口大多数工作量大、收入较低，在社会融入中存在一定的障碍（蒋海燕，2012）。企业会馆的外部环境作为一个具有公共性的开放空间，有义务为流动人口的日常生活创造出新的可能。

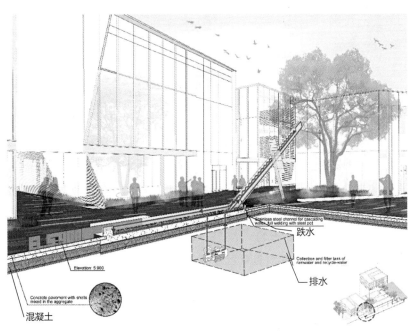

（图7-52）

图7-51　不同类型的雨水收集
图7-52　中心水景与池塘构成的水景体系

在场地中除了艺术节外，我们还策划了读书节和手工艺节。读书节组织安排读书志愿者每周讲述自己的读书心得，增强使流动人口之间的了解和互动；手工艺节则邀请了广东本地的民间艺术家对广东地区所具有的特殊手工艺进行展示，使流动人口更好地了解本地文化（表7-4）。可以看到，通过这一系列的事件组织，使得展示区的活动广场不再仅仅是物理意义上的空间，而成为具有可识别性的场所。

表7-4 不同的引入事件

名称	活动类型	第三方
艺术节	艺术家与大众面对面	艺术家协会
读书节	读书者读书分享	读书志愿者
手工艺节	手工艺产品展示、手工艺制作工艺展示	广东手工艺协会

3. 激发应对

"激发应对"的方法旨在通过在场地中置入特殊的可识别物，从而引起事件的发生。展示区活动广场的平面近似于一个腰长约180m的等腰三角形，我们在其中心设置了一组高约7m的水景作为场地的中介，水景通过自身的尺度与形态丰富了整个活动广场的氛围，起到了吸引周围人群的作用（图7-54）。水景的尺度与形态不仅具有自身设计语言表征的浅层次作用，同时具有引发事件产生的深层次含义。屈米认为，将动态的事件引入静态的空间，需要借助于可以引发事件活动的中介。7m高的雕塑水景在这里具有中介作用，中介指的是环境中具有吸引外界能量的作用点（attractive point）。中介引发事件产生的原理是借助空间中的吸引点来吸引外部能量的接入。雅各布斯认为，场所的活力是引发场所可识别性的前提。中介作为吸引点有效地将外部的能量引入了场地之中，场地因此被不断迭代更新，也正是因为这样的迭代更新，使得场地产生出自身的可识别性。

（图7-54）

4．单元构件与全周期建造

单元构件与全周期建造的核心是风景园林师、业主、建造方共同进行的全周期设计服务活动，在这一组织活动中，风景园林师的角色不仅负责传统的方案设计，还需要对单元构件的研发、生产、使用、反馈等具体环节作出回应。在前海企业会馆的景观设计中，设计团队通过与深圳万科集团建研中心[①]的共同研究与决议，选用了成熟的预制混凝土作为单元构件的材料。预制混凝土（precast concrete）[②]作为建造材料最早出现在19世纪荷兰的风景园林设计中，至今已经发展成为一项较为成熟的建造技术。预制混凝土在企业会馆的景观设计中进行广泛使用具有以下3个优点：①预制混凝土件具有模数化的特征，便于施工单位批量生成，因此加快了生产周期；②预制混凝土件最大限度地避免了现场的现浇施工，因此缩短了施工周期；③较之于铺地常用的石材，预制混凝土铺装本身价格较低。为了适用于多种功能以及避免形态的单一化，对混凝土材料进行了尺度与颜色的区分，分别设计了灰色、白色、黄色3种不同颜色以及1200mm（长）×300mm（宽）×50mm（厚）、750mm×300mm×50mm、300mm×300mm×50mm3个模数的预制件作为场地铺装的单元构件（图7-55）。

---

① 万科建研中心为深圳万科集团隶属下的服务于建造产业化的研究机构，主要研究低耗能设施、可持续建造等内容。环保材料的开发与运用是中心整个的核心工作，如：混凝土预制如何更好地运用于整体规划设计。中心的基地包含了实验楼区、展示接待中心、景观材料研究区、室内装修研究区等几个区域。（摘自：www.vanke.com）
② 预制混凝土是相对于现浇混凝土而提出的概念，二者的组成成分较为类似，都是由水、沙子、骨料、水泥混合在一起形成的一种流体混合物。不同点在于预制混凝土是在高度受控制的条件下制造的，因此不受施工现场条件、天气、人工技术等不可预测的因素影响。"预制"的意思是这种混凝土在运抵现场之前就已经完成了浇筑与凝固。

图7-53　艺术节与手工艺节的事件组织构想
图7-54　作为中介的水景及产生的事件构想

长久以来，预制混凝土因其自身的普适性经常受到一些设计师的诟病，针对该问题，设计团队联合了业主方对周围渔业养殖场的部分贝壳进行了回收，将其作为骨料[①]混合入混凝土中，回收贝壳的活动从一定程度上来说是对现有场地周边资源的整合与再利用，这一策略拓展了设计实践所具有的社会意义和经济价值。不仅如此，由于场地的前身是渔村，贝壳这一物件包含了一定的场地历史信息，将其转变为材料也是对历史信息进行空间化的过程（图7-56）。

7.4.3　设计成果

回到本次实践的核心命题，即一个8年的公共景观是否可以通过弹性建造与自然催化的设计方法获得更加多维的价值和意义？毫无疑问，答案是肯定的。尽管在本次设计实践中，设计

（图7-55）

（图7-56）

团队并没有提交出一个"看上去很美"的设计方案，甚至没有提交出绚烂华丽的渲染效果图，但这个"看上去不美"的方案却很好地衔接了场地的前世、今生和未来，将一次性的开发投入风险降到了最低，将场地中现有的历史信息很好地空间化并将其延伸至未来，将场地转变成可以容纳未来多种变化的景观场所。前海企业会馆的案例也告诉我们，风景园林过程之于风景园林实践并不仅限于形态与现象，更具有社会、经济、文化等其他价值。

比较遗憾的是，在功能组织中，由于缺乏业主的支持，读书节活动与手工艺节活动并没有得到实施。但是在这次实践当中，为了更好地解答本次的核心命题，设计团队并没有采取常规的风景园林设计方法，将大量的时间投入在空间与形态的营造上，转而进入了一种全周期的在地实践，风景园林师需要参与最初的决策，需要参与材料、产品的研发过程以及具体事件活动的组织。这无疑更大地发挥了设计方的作用（图7-57、图7-58，文后附彩图）。

本书中所举的3个设计实践案例，打破了常规风景园林设计中仅重空间而忽略时间的设计策略，将场地还原为不断变化的场所。在大澳渔村棚户区棚头空间的演变设计中，通过弹性树钵装置的置入，将红树生长这一自然过程有效地衔接入不断变化的场地之中，可以说，自身具有可适应性的弹性树钵在整个场地中扮演着催化的角色，激发出场地的多种可能。在巴塞罗那恩典区街区景观设计中，尽管景观自身并非是一种永久性的存在，但是通过在地材料的回收以及灵活的建造方式，设计很好地适应了每年不断变化的诉求，并通过人为建造的介入使其产生出特殊的场所意义。而在深圳万科前海企业会馆景观设计中，针对场地功能中的不确定性，分别运用了弹性建造策略所提出的延伸应对与激发应对策略进行场地功能的组织，并通过构件的单元化与全周期建造形成完整的设计回应。

（图7-57）

（图7-58）

---

① 骨料在景观设计中的用途较为多样，有时可以作为最后施工的表面材料，是可见的；有时也可以作为不可见的支撑部分。骨料可以被塑造成非常多样的颜色和尺寸，可以用作基层、垫层，也可以用于覆盖层。骨料在生产之初是随机的与混合沉淀物在一起，因此骨料的成分较为复杂，包含了多种石材。（罗布·W·索温斯基．景观材料及其应用．，孙兴文译．北京：电子工业出版）

图7-55　预制混凝土的建造与实际使用
图7-56　贝壳混凝土的建造过程
图7-57　最终建成效果一（图片来源：龚沁春）
图7-58　最终建成效果二（图片来源：龚沁春）

第 ⃝8 章

结语

8.1 总结

　　首先，本书从学科本体的角度探讨了过程与风景园林之间密不可分的关系。从哲学语境出发，通过引入怀特海、布洛赫以及柏格森的观点，建立了风景园林的过程图景；从科学语境出发，通过引入系统论、协同学、耗散结构理论，探明了风景园林过程的发生原理、控制方式以及存在条件；从美学语境出发，通过对大地艺术、过程艺术以及偶发艺术的实践方式的分析，说明了风景园林过程与设计实践的必然联系；从主动与被动、自然与人工、连续与偶然等多个角度出发，将风景园林过程属性这一综合复杂的现象区分为自然过程与建构过程两种类型，并对这两类风景园林过程的产生动力、构成要素、存在条件、自身内核进行了系统阐述。其中，建构过程由"文本"与"填充"相组合而成，"文本"具有基础与框架的含义，而"填充"则在一定时间轴内对框架进行深化与丰富；自然过程由物种扩散过程、物种依存过程、扰动过程、能量转换过程、生命过程组成。

　　之后，本书对基于风景园林过程的设计实践的起源与发展进行了历史研究，得出以下结论：该类型实践起源于当代艺术与生态主义的结合，伴随着近年来风景园林学科自身命题的不断外延，实践视野被演绎得更为广泛与多元，对场所的关注与社会的变迁成为这一类型设计实践的新的关注重心。

　　针对风景园林自然过程，通过相关案例研究与方法总结，书中提出了"自然催化"这一基于自然过程的设计策略。该策略的核心是风景园林师通过对特定元素的引入，使得场地中原本自发存在的自然过程依照风景园林师的预期目标协同变化。自然催化具有启动隐性自然过程、调节显性自然过程两个基本作用。在此基础之上，分别从形态、建造、材料等3个角度出发，探讨了自然催化策略的实现路径。在形态层面，本书提出了该策略实践作品具有"半确定性"与"局部性"的形态特征；在建造层面，本书提出了"与自然相伴"以及"从局部开始"的建造原则，并由此定义出演变材料与恒久材料两种不同材料。为了进一步解释自然催化的实现广度，提出了以材料属性为"媒"、以自然现象为"媒"以及以人为参与为"媒"策略，并通过案例举例探明了具体的实现途径。

　　针对风景园林建构过程，通过相关案例研究与方法总结，本书提出了"弹性建造"这一基于建构过程的设计策略。"弹性建造"旨在通过具有适应性、灵活性的建造活动，从而更好地适应以及吸纳建构过程中的事件性与不确定性。该策略首先承认了过程中的事件性、自发性以及不确定性，并将其视为风景园林自身结构不断优化的动力。其次，该策略试图在现实与未来之间进行平衡，并由此塑造出一个可以不断延展的物质空间。建构过程由"文本"与"填充"两部分组成，弹性建造的核心在于通过回应功能、建造、形态等设计问题来协调建构的"文本结构"与"填充结构"之间的关系。在功能组织层面，分别提出了"舞台应对""激发应对"以及"延伸应对"的方法；在形态层面，书中提出了匀质与无边界的形态可以更好地适应未来的变化；在建造层面，书中提出了"单元性构件"与"全周期建造"的建造方式。

为了进一步探明"自然催化"与"弹性建造"策略的可操作性与局限性。本次研究进行了3个相关案例的设计试验，分别为："大澳渔村棚头空间演变设计""巴塞罗那恩典区街区景观设计""深圳万科前海企业会馆景观设计"。在大澳渔村棚户区棚头空间的演变设计中，通过弹性树钵这一装置的置入，将红树生长这一自然过程有效地衔接入不断变化的场地之中，并由此激发出场地自身的潜在可能；在巴塞罗那恩典区街区景观设计中，通过在地材料的回收以及灵活的建造很好地适应了场地中每年不断变化的诉求；而在深圳万科企业会馆景观设计中，针对场地功能未来存在的不确定性，运用了弹性建造策略所提出的延伸应对与激发应对策略进行场地功能的组织，并通过构件的单元化与全周期建造形成完整的设计回应。

8.2　局限

本研究通过多学科引入、文献研究、实地考察、案例研究等方法揭示出风景园林过程这一现象的核心特征以及相应的设计方法。由于本研究尚处于不断完善中，因此存在一定的局限，如设计人员的主观性与设计实践的短周期性两个方面的局限。

本研究基于两类不同的风景园林过程，通过案例的归纳和总结，提出了"自然催化"与"弹性建造"两种不同的设计策略。尽管本研究对这两种设计策略进行了深入的探讨，然而风景园林过程作为一种复杂现象，根据场地条件的不同可以衍生出更为多元与广泛的设计策略与方法。造成这一局限的原因在于研究者本人的主观性，慕尼黑工业大学风景园林系瓦丁格尔（Jūgen Weidinger）教授指出，进行设计方法的研究是一种无法忽略主观意识的研究，研究者本人的设计能力、实践积累以及价值倾向往往会影响到最终成果。本次研究同样存在这一局限，由于受到研究者的主观意识干扰，本研究所提出的设计方法并不能完全涵盖这一类型实践的全部内容。

在本书中的实践部分，尽管在3个不同的设计案例中运用了本研究所提出的策略和方法，然而由于研究周期较短，不能对设计结果进行长周期的观察与评测，因而造成了书中研究成果的相对不完整。换言之，对设计成果的价值与意义的讨论需要放置于更为长久的时间周期内，才可以更为辨证和全面地审视设计方法背后的优劣。

8.3　展望

在后续的研究中，可以从以下3个方面对本书中的研究进行深入发展：

（1）设计方法的纵向拓展

尽管本书提出了自然催化与弹性建造的设计方法，并从形态、材料、功能、建造等层面阐释了这两种方法的操作路径，但是针对不同功能与不同尺度的场地需要进行更加具体的类型化研究，从而扩展方法本身的有效性。例如，针对面积在50hm²以下城市新建公园，需要对方法本身进行怎样的拓展？而针对城市建成环境中的广场，这一方法又需要进行怎样的拓展？这些问题的回答需要进一步的研究。

（2）设计方法的横向拓展

如上文所述，基于风景园林过程的设计方法并不仅限于本文提出的两种策略，根据特定场地条件、特定的设计人员、特定的物质材料与特定设计命题可以演绎出更为多元的设计方法。本次工作的研究目的之一在于重拾这一学术线索，使得更多学者与专家重视这一领域的问题，并由此对这一领域进行更为广泛的研究拓展。

（3）设计实践的深入

基于风景园林过程的设计方法需要以全周期的策略进行操作，这一策略在常规的设计实践中较难实现，造成这一现象的原因在于大众以及业主对这一模式的不认可，为解决该矛盾，需要进行更为深入的设计实践以验证出方法自身的适用性及有效性，设计实践的深入同时有助于将研究成果转变成具体的设计知识，使其在应用领域发挥更大的作用。

参考文献

[1] 艾尔雅维获茨茨阿莱斯. 图像时代. 胡菊兰等译. 长春: 吉林人民出版社, 2003: 300.

[2] 戴维·哈维. 后现代的状况. 阎嘉译. 北京: 商务印书馆, 2003: 485.

[3] 增设风景园林学为一级学科论证报告. 中国园林, 2011, (05): 4-8.

[4] 郭湧. 北京市周边非正规垃圾填埋场景观改造设计研究. 清华大学, 2012.

[5] Julia Czerniak G H. Large Parks. Princeton: Princeton Architectural Press, 2007.

[6] Sigfried. Giedion. Architecture and the Phenomena of Transition. Harvard University Press, 1971.

[7] 詹姆士·科纳. 论当代景观建筑学的复兴. 北京: 中国建筑工业出版社, 2008. 112-127.

[8] 查尔斯瓦尔德海姆. 景观都市主义. 孙璐, 刘海龙, 刘东云译. 北京: 中国建筑工业出版社, 2011: 267.

[9] 詹姆斯·科纳, 李璠. 地形流动. 世界建筑, 2010, (01): 17-21.

[10] 沙里宁·伊利尔. 城市: 它的发展、衰败与未来. 顾启源译. 北京: 中国建筑工业出版社, 1986: 302.

[11] 丁力扬. 新陈代谢运动的历史再定位 评《丹下健三与新陈代谢运动: 现代日本城市乌托邦》. 时代建筑, 2011, (01): 172-174.

[12] 范路. 从钢铁巨构到"空间-时间"——吉迪恩建筑理论研究. 世界建筑, 2007, (05): 125-131.

[13] 朱勍. 城市生命力—从生命特征视角认识城市及其演变规律. 北京: 中国建筑出版社, 2011: 228.

[14] 亚历山大 C. 建筑的永恒之道. 赵冰译. 北京: 中国建筑工业出版社, 1989: 422.

[15] 亚历山大 C., 安尼诺 A. 城市设计新理论. 北京: 知识产权出版社, 2002: 236.

[16] 赵文武, 房学宁. 景观可持续性与景观可持续性科学. 生态学报, 2014, (10): 2453-2459.

[17] 科克伍德尼尔. G., 刘晓明, 何璐. 弹性景观——未来风景园林实践的走向. 中国园林, 2010, (07): 10-14.

[18] Galilzard T. The same landscapes. Barcelona: Lanografica,Sabadell, 2005: 281.

[19] 王向荣, 林箐. 西方现代景观设计的理论与实践. 北京: 中国建筑工业出版社, 2002: 289.

[20] 冯潇. 现代风景园林中自然过程的引入与引导研究. 北京林业大学, 2009.

[21] 科瑞恩·格莱斯. 质性研究方法导论. 北京: 中国人民大学, 2013: 208.

[22] Hunt J D. The Idea of the Garden, and the Three Natures in Zum Naturbegriff der Gegenwart, 1993.

[23] 项锡黔. 师法自然化景为情——论中国古典园林的内在精神. 装饰, 2006, (06): 42-43.

[24] 赵建波, 郑婕, 张玉坤. 岂唯玩景物, 亦欲撼心素——中国古典园林的时间审美. 天津大学学报（社会科学版）, 2011, (03): 222-225.

[25] 陈植, 等. 园冶注释（第二版）中国建筑工业出版社, 1988: 272.

[26] 王云才. 景观生态化设计与生态设计语言的初步探讨. 中国园林, 2011, (09): 52-55.

[27] Spirn, Anne, Whiston. The Language of Landscape. Yale University Press, 1998: 332.

[28] 何恩春. 高阶英汉双解词典. 北京: 商务印书馆国际有限公司, 2007: 313.

[29] 陈有进, 廖盖隆, 孙连成. 马克思主义百科要览·上卷. 北京: 人民日报出版社, 1993.

[30] 张广照, 吴其同. 当代西方新兴学科词典. 长春: 吉林人民出版社, 2003: 124.

[31] 宋治清, 王仰麟. 城市景观及其格局的生态效应研究进展. 地理科学进展, 2004, (02): 97-106.

[32] Julia Czerniak G H. Large Parks. Princeton: Princeton Architectural Press, 2007.

[33] 狄尔泰. 历史中的意义. 北京: 中国城市出版社, 2002: 151.

[34] 艾萨克·阿西莫夫. 永恒的终结. 崔正男译. 南京: 江苏文艺出版社, 2014: 264.

[35] 让·格朗丹. 哲学解释学导论. 何卫平译. 北京: 商务印书馆, 2009: 329.

[36] 罗斯·菲利普. 怀特海. 北京: 中国人民大学出本社, 2002: 62.

[37] 曲跃厚. 怀特海哲学若干术语简释. 世界哲学, 2003, (01): 19-25.

[38] 德勒兹吉尔, 张宇凌. 康德与柏格森解读. 北京: 社会科学文献出版社, 2002: 224.

[39] 怀特海. 过程与实在. 杨富斌译. 北京: 中国城市出版社, 2011: 546.

[40] 黄润荣, 任光耀. 耗散结构与协同学. 贵阳: 贵州人民出版社, 1988: 253.

[41] 李如生. 非平衡态热力学和耗散结构. 北京: 清华大学出版社, 1986: 29-33.

[42] 冯·贝塔朗菲. 一般系统论. 北京: 社会科学文献出版社, 1987: 22-25.

[43] 伊曼努尔·康德. 宇宙发展史概论. 全增嘏译、王福山校. 上海: 上海译文出版社, 2001: 142.

[44] 傅松雪. 时间美学导论. 济南: 山东人民出版社, 2009: 326.

[45] 莱文. 后现代的转型. 常宁生译. 南京: 江苏教育出版社, 2006: 228.

[46] Allin J. Trees grow in Downsview. Toronto, 2000: 50, 17.

[47] 简·罗伯森. 当代艺术的主题. 南京: 江苏美术出版社, 2011: 29-31.

[48] 张健. 大地艺术研究. 北京: 人民出版社, 2012: 263.

[49] Robert, Morris. Continuous Project Altered Daily. The MIT Press, 1995.

[50] Cadena J, Korkmaz G, Kuhlman C J, et al. Forecasting Social Unrest Using Activity Cascades. PLoS One, 2015, 10(6): e128879.

[51] Foster J B. Marx's Ecology. New York: Monthly Review Press, 2000.

[52] 戈峰, 编. 现代生态学. 北京: 科学出版社, 2008: 17.

[53] 苗东升. 复杂性科学研究. 北京: 中国书籍出版社, 2013. 117-121.

[54] 谢新观. 远距离开放教育词典. 中央广播电视大学出版, 1999: 609.

[55] 路德维希·维特根斯坦. 哲学研究. 上海: 上海人民出版社, 2005: 117.

[56] 阿格妮丝·赫勒. 日常生活. 衣俊卿译. 重庆: 重庆出版社, 2010: 290.

[57] 莱文. 后现代的转型. 常宁生. 南京: 江苏教育出版社, 2006: 228.

[58] Sadler. The Situationist City. MIT Press, 1999: 245.

[59] 胡娟. 新巴比伦 基于日常生活的情境空间建构. 国际城市规划, 2010, 25(1): 77-81.

[60] 季铁男. 反璞归真之道——从十次小组的岔路说起. 建筑师, 2011, (04): 38-45.

[61] 荷兰根特城市研究小组. 城市状态: 当代大城市的空间、社区和本质. 北京: 中国水利水电出版社, 2005: 531.

[62] 鲁道夫斯基伯纳德. 没有建筑师的建筑. 高军译. 天津: 天津大学出版社, 2011: 143.

[63] 俞懿娴. 怀特海自然哲学. 北京: 北京大学出版社, 2012: 302.

[64] 理查德·达根哈特, 孙凌波. 可持续的城市形式与结构论题: 屈米和库哈斯在拉维莱特公园. 世界建筑, 2010, (01): 85-89

[65] Biomorphic. Intelligence and Landscape Urbanism. Topos, 2002, 2(12).

[66] 罗素. 宗教与科学. 北京: 商务印书馆, 2000: 158.

[67] Rawls J. A Theory of Justice, 1971.

[68] Gregory, Benford. Timescape Spectra, 1992: 512.

[69] 周榕. 微规划—微观城市学方法论研究. 清华大学, 2005.

[70] Corner J. Recovering Landscape. Princeton Architectural Press, 1999: 288.

[71] 戴维·库珀. 花园的哲理. 北京: 商务印书馆, 2011: 189.

[72] Saito Y. The Aesthetics of Unscenic Nature. Journal of Aesthetics and Art Criticism, 1998(5): 56-62.

[73] Allen, Craig, R., et al. Discontinuities in Ecosystems and Other Complex Systems, 2008.

[74] David, Waltner-Toews, James, et al. The Ecosystem Approach. Columbia University Press, 2008: 408.

[75] 俞孔坚. 低碳美学下的新桃源憧憬. 园林, 2011, (03): 44-48.

[76] 隈研吾. 自然的建筑. 陈菁译. 济南: 山东人民出版社, 2010: 178.

[77] Amos, Rapoport. The Meaning of the Built Environment. University of Arizona Press, 1990: 253.

[78] Relph. E. C. Place and Placelessness. London: Pion, 1976.

[79] 克利福德·格尔茨. 文化的解释. 韩莉译. 北京: 译林出版社, 1999: 572.

[80] Loci C N G. Towards a Phenomenology of Architecture. New York: Rizzoli, 1980.

[81] Paredes, Cristina. Urban Landscape. Douch M Loft Publications, 2007: 255.

[82] 王向荣, 张晋石. 人类和自然共生的舞台——荷兰景观设计师高伊策的设计作品. 中国园林, 2002, (03): 70-73.

[83] Wenche, Dramstad, James, et al. Landscape Ecology Principles in Landscape Architecture and Land-Use Planning. Island Press, 1996: 80.

[84] Spirn A W. URBAN NATURE AND HUMAN DESIGN: The Place of Nature in the City inTwentieth-Century Europe and North America. New York, 2005.

[85] 于冰沁, 田舒, 车生泉. 从麦克哈格到斯坦尼兹——基于景观生态学的风景园林规划理论与方法的嬗变: 2013:

[86] Ahern J. Urban landscape sustainability and resilience: the promise and challenges of integrating ecology with urban planning and design. Landscape Ecology, 2013, 28(6): 1203-1212.

[87] 陈洁萍, 葛明. 景观都市主义研究——理论模型与技术策略. 建筑学报, 2011, (03): 8-11.

[88] Rainey R M. The Choreography of Memory: Lawrence Halprin's Franklin Delano Roosevelt Memorial. Landscape Journal, 2012, 31(1/2): 161-182.

[89] 马丁·海德格尔. 存在与时间. 陈嘉映, 王庆节译. 熊伟, 等校. 北京: 生活·读书·新知三联书店, 2006: 518.

[90] Waldheim, Charles. The Landscape Urbanism Reader. Princeton Architectural Press, 2006: 295.

[91] 约翰逊埃伦 H. 当代美国艺术家论艺术. 姚宏翔, 等译. 上海: 人民美术出版社, 1999: 310.

[92] Robert, Smithson, Jack, et al. Robert Smithson: The Collected Writings University of California Press, 1996: 385.

[93] 张阳. 繁华过后的宁静——理查德·哈格和罗伯特·史密森在后工业化时期的景观思想. 世界建筑, 2006, (03): 125-128.

[94] Oldani M. Deep pharma: psychiatry, anthropology, and pharmaceutical detox. Cult Med Psychiatry, 2014, 38(2): 255-278.

[95] Kalvin, Platt. Landscape Design and Planning at the Swa Group (Process Architecture, N0 103): Books Nippan, 1992.

[96] Girot, Christophe, Truniger, et al. Landscape Vision Motion. Princeton Architectural Press, 2013: 224.

[97] 胡与中. 触媒原理与应用. 高立图书有限公司, 2012.

[98] 金广君, 陈旸. 论"触媒效应"下城市设计项目对周边环境的影响. 规划师, 2006, (11): 8-12.

[99] 洛幹韦恩. 奥图唐. 美国都市建筑: 城市设计的触媒创兴, 1994: 29.

[100] 刘易斯·芒福德. 城市发展史. 北京: 中国建筑工业出版社, 2005: 77.

[101] 王祥荣. 建设资源节约型和环境友好型社会的理论与政策研究. 上海: 复旦大学出版社, 2012: 351.

[102] 乔纳森·费恩伯格. 一九四零年以来的艺术. 北京: 中国人民大学出版社, 2006: 121-131.

[103] 郝经芳, 王令杰. 索尔·勒维特写给伊娃·黑塞的信: 别担心酷不酷, 创造你自己的"不酷". 美术文献, 2014, (05): 108-109.

[104] Bell C. Art. Nabu Press, 1913.

[105] Andy, Goldsworthy. Andy Goldsworthy Harry N. Abrams, 1990: 120.

[106] Miyagi S. From spatial form to system and process through pattern making in the landscape: can landscape design contribute to nature restoration? Landscape and Ecological Engineering, 2005, 1(1): 71-76.

[107] Kant I. Critique of Judgement. Baldick C Oxford University Press, 2008.

[108] 冯潇. 让自然做功. 北京: 中国建筑工业出版社, 2014. 56-59.

[109] 尼尔·科克伍德. 景观建筑细部的艺术. 杨晓龙译. 北京: 中国建筑工业出版社, 2005: 349.

67-72.

[110] 史永高. 材料呈现. 北京: 中国建筑工业出版社, 2008: 17.

[111] 李浩. 理解勒·柯布西耶——《明日之城市》译后. 城市规划学刊, 2009, (03): 115-119.

[112] 宋圭武. 城市精神: 给一座城市塑造灵魂. 文化月刊 (下旬刊), 2013, (02): 16-21.

[113] 骆莹, 张颀. 荷兰现代景观的发展历程及地域特色. 2005: 587-591.

[114] 刘力. 从WEST8透视荷兰景观. 华中建筑, 2009, (09): 164-166.

[115] 李家志. 20世纪荷兰景观发展初探. 北京: 清华大学, 2004.

[116] Robertmugerauer K L. Landscape Architecture Conjunction withComplexity Theory. Journalof biourbanism, 2013(2).

[117] 朱亦民. 库哈斯与荷兰性. 新建筑, 2003, (05): 10-11.

[118] A N. Processing Downsview Park: transforming a theoretical diagram to master plan and construction reality. Journal of Landscape Architecture, 2012(7): 8.

[119] 张健健, 王晓俊. 树城: 一个超越常规的公园设计. 国际城市规划, 2007, (05): 97-100.

[120] North A. Processing Downsview Park: transforming a theoretical diagram to master plan and construction reality. Journal of Landscape Architecture, 2012, 7(1): 8.

[121] J A. Urban landscape sustainability and resilience: the promise and challenges of integrating ecology with urban planning and design. Landscape Ecology, 2013(6): 28.

[122] Waldheim C. The Landscape Urbanism Reader. Princeton Architectural, 2006.

[123] Bernard, Tschumi. Architecture and Disjunction. The MIT Press, 1996: 280.

[124] 伯纳德·屈米的作品与思想. 北京: 中国电力出版社, 2006: 22.

[125] Bernard, Tschumi. The Manhattan Transcripts St. Martin's Press, 1982.

[126] Stiles R. Landscape theory: a missing link between landscape planning and landscape design? Landscape and Urban Planning, 1994, 30(3): 139-149.

[127] 大卫·哈维. 希望的空间. 胡大平译. 南京: 南京大学出版社, 2006: 291.

[128] 朱渊. 现世的乌托邦: "十次小组" 城市建筑理论. 南京: 东南大学出版社, 2012: 112.

[129] 王凌. 凡·艾克的城市设计观点及启示. 建筑师, 2011, (04): 88-91.

[130] 窦平平. 建筑的整体性观念终结之后设计研究与理论家-建筑师. 时代建筑, 2016, (01): 46-49.

[131] 赫曼·赫茨伯格. 建筑学教程: 设计原理. 仲德崑译. 天津大学出版社, 2003: 272.

[132] 理查德·达根哈特, 孙凌波. 可持续的城市形式与结构论题: 屈米和库哈斯在拉维莱特公园. 世界建筑, 2010, (01): 85-89.

[133] 罗益民. 巴根金未完成性思想研究. 湖南师范大学, 2006.

[134] 罗时玮. 批判的田园主义黄声远 (田中央) 团队的建筑在地实践. 时代建筑, 2011, (05): 58-61.

[135] 周榕. 建筑是一种陪伴——黄声远的在地与自在. 世界建筑, 2014, (03): 74-81.

[136] 黄声远. 宜兰河畔与旧城生活廊带, 宜兰, 台湾, 中国. 世界建筑, 2009, (05): 34-37.

[137] Erikjan Vermeulen, Rob Wagemans, Cindy Wouters, et al. Castell D'emporda酒店. 中国建筑装饰装修, 2012, (09): 234-237.

[138] Deb, Kalyanmoy. Multiobjective Problem Solving from Nature. Springer, 2008: 428.

[139] 郑静珊, 谭志荣, 刘玉梅. 大澳下一个主题公园? 明日风尚, 2010, (09): 34-48.

[140] 范航清, 王欣, 何斌源, 等. 人工生境创立与红树林重建. 2014.

[141] 廖迪生, 张兆和. 大澳. 中国香港: 三联书店 (香港) 有限公司, 2006.

[142] 米歇尔·德·塞托. 日常生活的艺术实践. 方琳琳, 黄春柳译. 南京: 南京大学出版社, 2015: 372.

[143] 莫里斯·哈布瓦赫. 论集体记忆. 毕然, 郭金华译. 上海: 上海人民出版社, 2002: 435.

[144] 谭刚. 粤港澳紧密合作下的前海地区发展策略探析. 特区实践与理论, 2009, (04): 15-17.

[145] Allin J. Trees grow in Downsview. Building, 2000, 50(3): 17.

[146] 维美莫森·莫斯塔法, 多尔蒂美加雷斯. 生态都市主义. 俞孔坚译. 江苏科学技术出版社, 2014: 656.

[147] Joan Busquets, 鲁安东, 薛云婧. 城市历史作为设计当代城市的线索——巴塞罗那案例与塞尔达的网格规划. 建筑学报, 2012, (11): 2-16.

致谢

在本书付梓之时，我要感谢导师朱育帆教授对本次研究的悉心指导。在清华园求学的过程中，朱育帆老师严谨的治学态度与敏锐的判断为博士期间的研究指明了方向，从朱育帆老师这里学到的一切都将使我终身受益。

感谢在为期半年的访学期间，加泰罗尼亚理工大学建筑学院Miqual Vidal老师对本研究提供的诸多研究案例，这些案例在研究中起到了关键的作用。感谢深圳大学建筑与城市规划学院饶小军教授在硕士期间对我进行了全面的建筑理论训练，这些培养为后来的学术研究打下了良好基础。感谢本科设计启蒙老师王向荣教授在博士论文期间给予的指导性意见。感谢周榕老师、庄优波老师、董璁老师在研究过程中给予的点拨和启发。感谢都市实践建筑事务所的王辉老师在设计实践道路上给予的帮助，感谢刘东洋老师在出书过程中的指导。

感谢同门们在研究过程中的共同讨论，这些讨论对研究起到了很大的启发与帮助。感谢清华建筑学院众多同学在论文期间的相互鼓励与相互督促，感谢景观系众多老师及同学在论文期间予以的帮助和支持。

最后感谢我的家人，你们的理解和支持是我在理论学习和设计实践道路上中最坚实的后盾。

图1-1　国外相关理论著作

图2-1　因时间发展而产生的变化景象

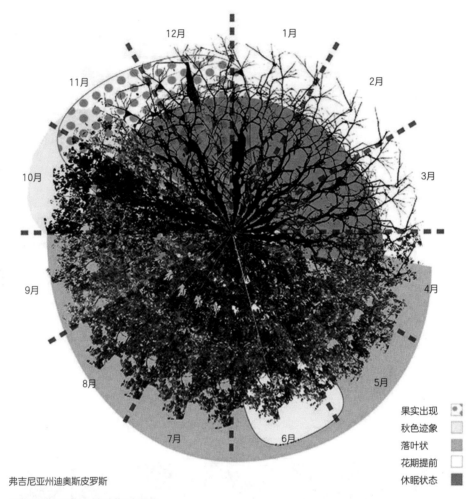

12月　1月

11月

2月

10月

3月

9月

4月

8月

5月

7月　6月

果实出现

秋色迹象

落叶状

花期提前

休眠状态

弗吉尼亚州迪奥斯皮罗斯

图2-8　以月份为时间单位的图解记录

图4-1 生态与艺术进行结合的思潮

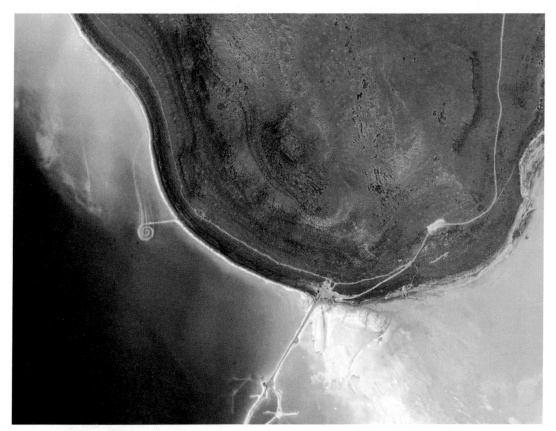

图5-2　螺旋形防波堤的平面

图5-6　烛台文化公园中的甬道

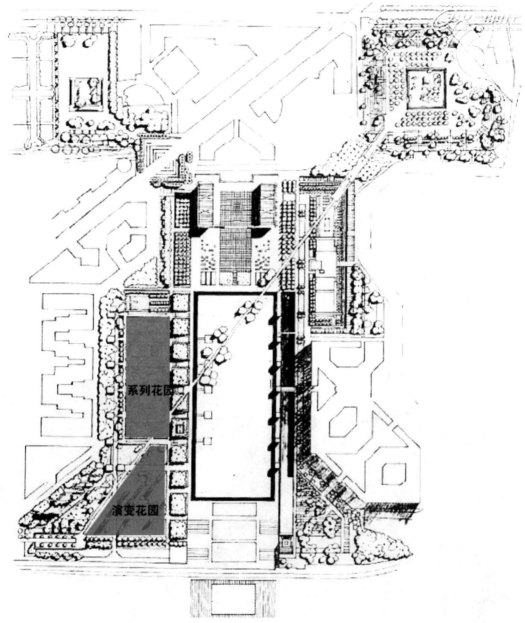

系列花园

演变花园

图5-7　演变花园与6个系列花园在公园中的位置

图5-27　因人为种植和搭建而逐步形成的公园

图5-28　最终形成的公园

图6-2 阿姆斯特丹森林公园平面图

图6-5 阿姆斯特丹森林公园中的生态群落

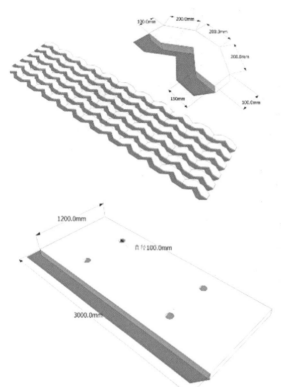

图6-6 公园中不断增加的活动场地

图6-7 公园内部开展的事件活动

图6-13 布鲁斯·莫尔提交的深化方案

图6-14 2012年当斯维尔公园的现状

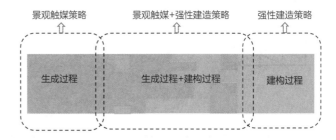

景观触媒策略　　景观触媒+强性建造策略　　强性建造策略

| 生成过程 | 生成过程+建构过程 | 建构过程 |

图7-1　两种策略的应对关系

以人工元素为主的场地

以自然元素为主的场地

图7-7　红树林根部在水中生长的状态

图7-16　近景阶段的空间景象

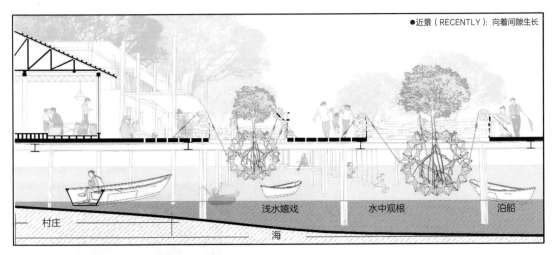

●近景（RECENTLY）：向着间隙生长

浅水嬉戏　　水中观根　　泊船

村庄　　　　海

图7-17　近景阶段的活动类型

图7-18　远景阶段的空间景象

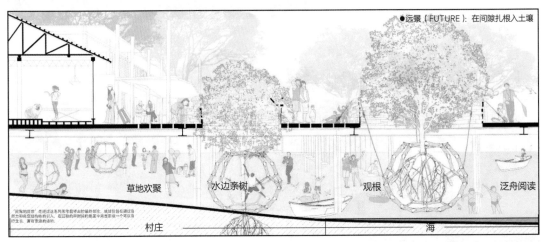

●远景（FUTURE）：在间隙扎根入土壤

草地欢聚　　水边亲树　　观根　　泛舟阅读

村庄　　　　海

图7-19　远景阶段的活动类型

图7-57　最终建成效果一

图7-58　最终建成效果二

图书在版编目（CIP）数据

场地催化术：一种基于风景园林过程性的设计方法 =
Site Catalysis: Design Methodolgy Based on the
Process in Landscape／曹凯中著．—北京：中国建
筑工业出版社，2020.2
（清华大学风景园林设计研究理论丛书）
ISBN 978-7-112-24554-3

Ⅰ.①场… Ⅱ.①曹… Ⅲ.①园林设计 Ⅳ.
①TU986.2

中国版本图书馆CIP数据核字（2019）第284688号

责任编辑：兰丽婷　杨　琪
书籍设计：韩蒙恩
责任校对：芦欣甜

清华大学风景园林设计研究理论丛书

场地催化术：一种基于风景园林过程性的设计方法
Site Catalysis: Design Methodolgy Based on the Process in Landscape
曹凯中　著
＊
中国建筑工业出版社出版、发行（北京海淀三里河路9号）
各地新华书店、建筑书店经销
北京锋尚制版有限公司制版
北京中科印刷有限公司印刷
＊
开本：787毫米×1092毫米　1/16　印张：12¾　字数：313千字
2020年11月第一版　2020年11月第一次印刷
定价：68.00元
ISBN 978 – 7 – 112 – 24554 – 3
　　（35236）